KB197724

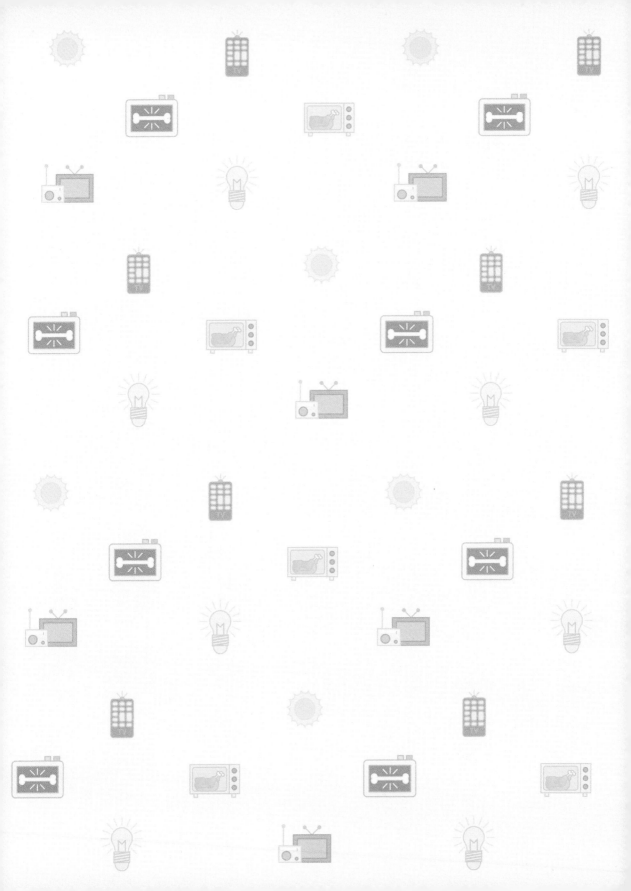

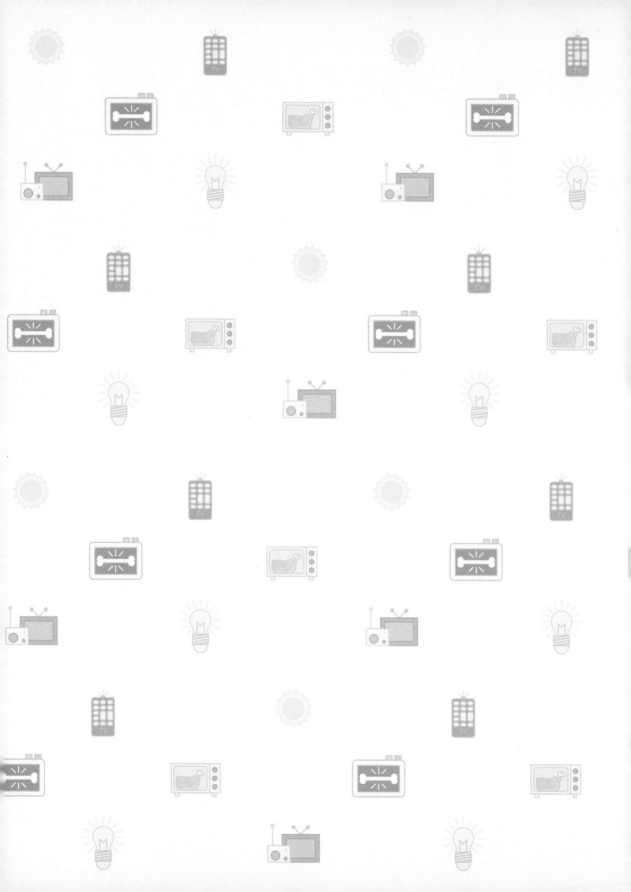

# 동물에서 찾은 파동 이야기

생각하는 어린이 과학편 ④

# 동물에서 찾은 파동이야기

**초판 인쇄** 2024년 12월 20일
**초판 발행** 2024년 12월 25일

**글쓴이** 고수진
**그린이** 김석
**펴낸이** 이재현
**펴낸곳** 리틀씨앤톡
**출판등록** 제 2022-000106호(2022년 9월 23일)

**주소** 경기도 파주시 문발로 405 제2출판단지 활자마을
**전화** 02-338-0092
**팩스** 02-338-0097
**홈페이지** www.seentalk.co.kr
**E-mail** seentalk@naver.com
**ISBN** 979-11-94382-06-5  73400

ⓒ 2024, 고수진

| KC | **모델명** \| 동물에서 찾은 파동 이야기 **제조년월** \| 2024. 12. 25. **제조자명** \| 리틀씨앤톡 **제조국명** \| 대한민국 |
| | **주소** \| 경기도 파주시 문발로 405 제2출판단지 활자마을 **전화번호** \| 02-338-0092 **사용연령** \| 7세 이상 |

 은 씨앤톡의 어린이 브랜드입니다.

#동물 #파동 #진동 #주파수 #지진파 #물결파 #중력파 #빛 #가시광선

# 동물에서 찾은 파동이야기

리틀 씨앤톡

고수진 글 | 김석 그림

# 파동, 세상을 이어 주는 떨림!

파동은 한곳에서 시작된 진동이 다른 곳으로 퍼져나가는 현상이에요. 강물의 잔잔한 물결, 나뭇잎이 햇빛에 반짝이는 모습, 동물들이 내는 울음소리에서도 파동을 찾아볼 수 있어요. 파동은 우리 주변 곳곳에서 일어나고 있답니다.

이 책에서는 어려운 과학 공식으로 파동을 설명하는 대신, 동물들이 파동을 이용해 소통하고 관계를 맺으며 자연에 어울려 사는 모습을 이야기로 풀어 냈어요. 동물들은 작은 물결을 느껴 먹이를 찾거나, 땅의 진동으로 위험을 알리거나, 빛을 내어 마음을 전하기도 하지요.

이처럼 작은 떨림으로 시작된 파동이 내 존재를 알리고, 서로를 이어 주는 모습이 참 신기하고 놀랍지 않나요?

여러분도 이 책을 통해 동물이 들려주는 파동의 이야기를 즐겁게 만나길 바라요. 자연 속 동물들이 전하는 이야기를 따라가다 보면, 우리가 사는 세상이 아주 다양한 방법으로 연결되어 있다는 걸 깨닫게 될 거예요.

파동이 우리 삶과 얼마나 가까운지 느끼며, 파동의 세계를 더 친근하게 만날 수 있길 바랍니다!

내 마음속 파동이 여러분에게 닿기를 바라며

고수진

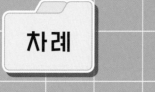

# 차 례

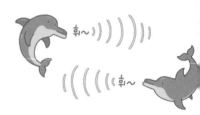

○ ○ ○

# 제 1 장

# 작은 물결까지
# 느끼는 악어

# 오돌토돌한 돌기의 비밀

## 엄마를 잃은 새끼 악어

"아일라! 방이 이렇게 지저분한데 청소 안 할 거야? 쓰레기는 쓰레기
통에 넣으라고 몇 번이나 말했잖아."

주말 아침부터 아빠가 잔소리를 퍼부었어요.

"귀찮단 말이에요. 아빠가 해 주세요."

"네 방 청소는 네가 직접 해야지!"

"아, 싫다고요!"

아일라는 짜증을 내며 현관문을 열고 마당으로 뛰쳐나갔어요. 아일라가 향한 곳은 집 뒤쪽에 있는 작은 늪지였어요. 아일라는 늪지를 빙 둘러싼 철조망 안으로 들어갔어요. 늪에는 프릴이 느긋하게 헤엄을 치고 있었어요.

프릴은 엄마를 잃은 새끼 악어예요. 3일 전에 길을 잃고 물소의 공격을 받고 있는 프릴을 아빠가 데려왔어요.

아빠는 호주 퀸즐랜드에서 활동하는 악어구조대예요. 호주에서는 악어들이 간혹 서식지를 벗어나서 마을이나 목장에 나타날 때가 있어요. 그럴 때마다 아빠가 악어를 구조해서 악어의 서식지인 맹그로브 습지로 돌려보내 줘요. 그런데 악어의 건강 상태가 좋지 않으면 습지로 보내기 전에 집 뒤쪽의 작은 늪으로 데려와 아빠가 직접 보살펴 주기도 해요.

"이럴 때 엄마가 있으면 얼마나 좋을까? 너도 그렇지?"

아일라는 프릴에게 말을 걸듯 중얼거렸어요.

아일라의 엄마는 아일라가 다섯 살 때 병으로 일찍 세상을 떠났어요. 아일라는 늘 엄마가 그리웠어요. 하지만 아빠가 있어서 잘 참을 수 있었어요. 아빠는 아일라가 외롭지 않도록 언제나 곁을 지켜 주었고, 아일라가 원하는 게 있으면 무엇이든 들어 주었거든요.

하지만 아일라가 5학년이 되자 아빠는 어딘가 달라졌어요. 아일라가 지각해도 학교에 태워다 주지 않고, 숙제도 도와주지 않고, 방 청소나 식사 준비 같은 집안일까지 시켰어요. 덤으로 잔소리도 부쩍 늘었지요.

"프릴, 아빠는 내가 귀찮아진 걸까?"

아일라는 공연히 마음이 심란했어요.

## 사냥은 어려워

프릴은 아까부터 눈만 물 밖으로 내놓은 채 꼼짝도 하지 않았어요. 먹 잇감을 기다리는 중이에요. 악어는 숨어 있다가 먹잇감이 나타나는 순간 잽싸게 달려들어서 사냥하거든요.

악어가 눈을 물 밖에 내놓고도 먹잇감이 다가오는 걸 알 수 있는 건 입 주위에 난 돌기 때문이에요. 돌기로 미세한 물결을 느낄 수 있는데, 그 감각이 매우 섬세해서 먹잇감이 물결을 치며 다가오는 걸 눈으로 보는 것보다 더 빨리 알아챌 수 있어요.

하지만 프릴은 번번이 물고기를 놓치고 말았어요. 아직 몸이 회복되지 않은 모양이에요.

"프릴, 괜찮아. 네 먹이는 내가 항상 구해 줄게."

아일라는 물통에서 물고기 한 마리를 꺼내 휙 던져 주었어요. 그러자 프릴이 날름 받아먹었어요.

아일라는 프릴이 엄마를 잃고 물소의 공격을 받고 있었다는 이야기를 처음 전해 들었을 때 마음이 아팠어요. 프릴이 엄마가 있는 다른 새끼 악어들처럼 잘 자랄 수 있을까 걱정됐거든요.

그래서 프릴이라는 이름을 지어 주고 엄마처럼 보살폈어요. 방 청소는 귀찮아서 건너뛰어도 프릴의 먹이만큼은 강에서 직접 잡은 물고기로 매끼 빠뜨리지 않고 챙겨 주었지요.

　다행히도 프릴은 늪에 온 지 일주일쯤 지나자, 웬만큼 기운을 되찾았어요. 그날 저녁 식사 시간이었어요.

　"아일라, 이제 프릴을 맹그로브 습지에 데려다줘야겠어."

　아빠가 부드러운 눈빛으로 아일라를 쳐다보며 말했어요.

　"안 돼요. 프릴은 아직 어려요. 엄마도 없는데 이대로 보내면 혼자 먹이도 구하지 못할 거예요."

아일라는 손에 든 빵을 접시에 내려놓으며 고개를 저었어요.

"걱정하지 마. 맹그로브 습지에 가면 프릴의 엄마는 없어도, 친구들은 많을 거니까."

"며칠만 더요. 프릴에겐 여기가 가장 안전해요. 먹이도 제가 계속 구해 줄 수 있어요."

"하지만 프릴은 친구들과 함께 자유롭게 살고 싶지 않을까? 여기보다 덜 안전하더라도 말이야."

아빠의 설득에 아일라는 아무 말도 할 수 없었어요. 아빠의 말이 틀리지 않았거든요. 이곳이 아무리 안전해도 철조망으로 둘러싸인 좁은 늪은 프릴에게 무척 답답할 것 같았어요.

"우리, 프릴을 믿어 보자. 프릴은 잘 해낼 거야."

아빠가 아일라의 등을 다독였어요.

## 악어의 돌기 사냥법

다음 날이었어요. 아일라는 프릴을 데리고 맹그로브 습지로 향하는 아빠를 따라나섰어요. 아빠는 안쪽으로 들어가면 위험하다며 습지의 입구 쪽에 차를 세웠어요. 그리고 프릴을 강가 근처에 놓아 주었어요. 그러자 프릴은 기다렸다는 듯이 강 쪽으로 느릿느릿 기어갔어요.

'혼자서 잘 적응할 수 있겠지?'

아일라는 차창 밖으로 불안스레 쳐다봤어요.

프릴은 물속으로 들어가더니 수면 위로 눈만 빼꼼 내민 채 얼음이 된 것처럼 꼼짝도 하지 않았어요.

"아빠, 프릴이 겁먹은 건 아니겠죠?"

아일라는 프릴이 먹이 사냥 중이라는 걸 알면서도, 괜스레 조바심을

냈어요. 아빠가 그런 아일라의 등을 가만히 토닥여 주었어요.

　바로 그때였어요. 프릴이 어딘가를 향해 몸을 튕기듯 튀어 나갔어요. 고요하던 수면 위로 물결이 퍼져 나갔어요. 곧 물고기 한 마리가 물 위로 튀어 올랐어요. 프릴이 물살을 가르며 돌진했어요. 하지만 물고기는 프릴보다 더 빠르게 헤엄쳐서 저 멀리 달아났어요.

　"프릴에겐 아직 먹이 사냥이 무리예요. 다시 데려오면 안 돼요?"

　"조금만 더 지켜보자."

아빠가 낮은 목소리로 아일라를 달래듯 말했어요.

프릴은 여전히 매복한 상태로 먹잇감을 기다렸어요. 이번에는 실패하지 않겠다는 듯이 눈에 더욱 힘을 주는 것처럼 보였어요. 아일라도 숨죽인 채 프릴이 먹이를 사냥하는 모습을 지켜보았어요.

잠시 후, 물새 한 마리가 강가 쪽으로 뒤뚱뒤뚱 걸어가는 게 보였어요. 하지만 강기슭을 뒤덮은 풀더미에 가려져서, 프릴에게는 물새가 보이지 않는 것 같았어요.

마침내 물새가 물속으로 들어갔어요. 물갈퀴 달린 발이 수면에 닿자마자, 물결이 원을 그리면서 사방으로 퍼져 나갔어요. 바로 그 순간, 프릴이 물새를 향해 순식간에 달려들었어요. 물새가 날개를 푸드덕거리며 달아나려고 했지만 프릴이 날카로운 이빨로 물새를 꽉 물고 놓아 주지 않았어요. 곧 물새의 날갯짓이 멈췄어요.

"프릴, 사냥에 성공했구나!"

아일라는 프릴에게 눈을 떼지 못하고 중얼거렸어요. 다 큰 악어에 비하면 한참이나 작은 몸집인데도 혼자 먹이를 구하는 모습을 보니 기특했어요. 좀 전까지만 해도 아일라에게 프릴은 엄마를 잃은 새끼 악어일 뿐이었는데, 이제 보니 프릴도 사나운 악어라는 사실이 실감 났어요.

"프릴은 우리가 생각하는 것보다 훨씬 강한 것 같아요."

아일라는 아빠를 향해 말했어요. 아빠가 슬쩍 미소를 지으며 아일라의 머리를 쓰다듬어 주었어요.

그러고 보니 아일라는 무언가 부끄러워졌어요. 그동안 아일라는 무슨 일이 생기면 늘 습관처럼 아빠가 해결해 주길 바랐었거든요. 하지만 언젠가 아일라도 어른이 될 거예요. 그때도 지금처럼 아빠에게 기댈 수만은 없겠지요.

프릴이 돌기의 감각을 이용해 혼자 힘으로 먹이를 사냥한 것처럼 아일라도 누구에게 기대지 않고 씩씩해지는 방법을 찾아야겠다는 생각이 들었어요.

아일라는 배를 든든하게 채운 프릴이 친구들이 기다리고 있을 숲 안으로 유유히 사라지는 모습을 가만히 지켜보았어요. 어느새 아일라의 마음속에는 프릴에 대한 걱정 대신 프릴이 잘 해낼 거라는 믿음이 생겨났어요.

# 줄 인 : 악어의 사냥법

## 물결을 이용하는 은밀한 사냥법

### 조용한 포식자, 악어

악어는 강이나 호수, 습지 근처에 서식하고, 육지와 물을 오가며 생활해. 육지에서는 햇볕을 쬐거나 알을 낳고, 물에서는 먹이를 사냥하지. 새끼가 알에서 나오면 어미는 새끼 악어를 물로 데리고 가서 보살피고 키워.

갓 태어난 새끼 악어는 매우 작고 연약해. 어미 악어의 보호를 받지 못하면 새, 도마뱀, 족제비 같은 동물들에게 쉽게 잡아 먹히고 말지. 하지만 어느 정도 자라면 악어를 위협할 수 있는 천적은 거의 없어져. 이때부터 악어는 두려울 게 없는 최강의 포식자가 되는 거야.

이 무서운 포식자는 튼튼한 이빨과 턱, 물갈퀴 달린 발, 길고 강한 꼬리로 먹이를 사냥해. 어류, 양서류, 파충류 등 가릴 거 없이 잡아먹는 데다가, 얼룩말이나 물소처럼 자신보다 몸집이 큰 동물도 공격하지.

## 물결을 감지하는 악어의 돌기

악어는 물속에 숨어 있다가 먹잇감이 나타나면 기습적으로 공격하는 방식으로 사냥을 해. 악어의 표적이 된 동물은 미처 달아날 틈도 없이 속수무책으로 당하고 말지. 악어가 이처럼 날쌘 동작으로 공격할 수 있는 건, 턱 가장자리에 난 오돌토돌한 돌기 덕분이야.

악어의 돌기는 400만분의 1미터만 눌러도 느껴질 만큼 민감해. 그래서 수면에 물 한 방울만 떨어뜨려도, 악어는 물방울이 떨어진 위치를 정확하게 찾아낼 수 있어. 악어는 이렇게 예민한 감각을 가진 돌기로 물결의 미세한 변화를 감지하기 때문에 누구보다 빠르게 먹잇감을 사냥할 수 있는 거야.

그런데 신기하게도 아예 물속에 잠겨 있을 땐 물결을 느끼지 못해. 돌기의 신경은 수면에 퍼진 진동만 감지하거든. 그래서 먹이를 사냥할 때, 수면에 눈만 내놓은 채 꼼짝도 하지 않고 숨어 있는 거야. 먹잇감이 아무

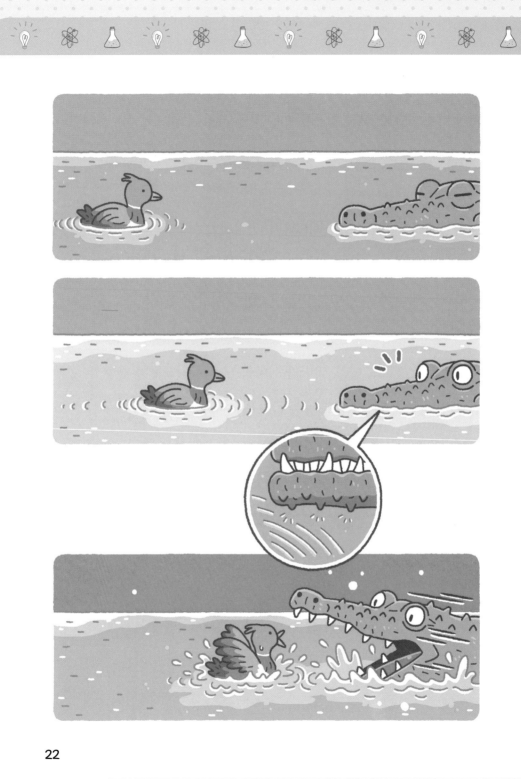

것도 모른 채 다가오기를 끈질기게 기다리면서 말이야. 그러다가 먹잇감

이 일으킨 물결이 돌기에 닿는 순간, 무서운 포식자로 돌변해서 번개처럼

공격하는 거지.

## 우연히 발견한 돌기의 비밀

1999년, 생물학자인 다프네 소아레스(Daphne Soares)는 악어를 연구하던 중에 악어의 돌기가 감각을 느끼는 기관이라는 사실을 발견했어요. 그래서 돌기 쪽에 빛, 전기장, 냄새 등 여러 자극을 주었어요. 하지만 기대와는 달리 악어의 신경에는 아무 반응도 일어나지 않았어요. 그러던 어느 날, 소아레스는 물속으로 떨어뜨린 물건을 줍기 위해 손을 뻗었어요. 그 순간 수면에 잔잔한 물결이 일었고, 마침내 돌기의 신경이 반응하기 시작했어요. 소아레스는 이를 계기로 악어의 돌기가 수면에 퍼지는 진동을 느낀다는 사실을 알아냈지요.

# 물결파를 찾았다!

## 물결 위로 퍼져 나가는 진동

### 세상은 파동으로 둘러싸여 있어

잔잔한 호수 위로 빗방울이 떨어지면, 빗방울이 떨어진 자리 주위로 동그란 물결이 생기면서 사방으로 퍼져 나가. 이러한 물결의 움직임을 물결파라고 해.

수면 위에 떨어지는 빗방울의 힘으로 물이 아래쪽으로 밀려 내려가는 순간, 원래의 상태로 되돌아가려는 복원력이 함께 발생해. 이렇게 두 힘이 동시에 작용하면서 물의 표면이 위아래로 흔들리는데, 이 진동이 사방으로 퍼져 나가면서 물결파가 만들어지는 거야.

이처럼 어떤 지점에서 생긴 진동이 주위로 퍼져 나가는 현상을 파동이라고 해.

우리가 사는 세상은 파동으로 둘러싸여 있어. 전파로 휴대전화를 사용하거나, 기타 줄이 떨리면서 소리를 내거나, 땅이 흔들리며 지진이 발생하는 상황 모두 진동이 전달되면서 일어나는 파동 현상이야.

## 파동 이해하기

**+ 진동** 진동이란 무언가가 한곳을 중심으로 왔다 갔다 하면서 반복적으로 움직이는 상태를 말해. 휴대전화가 부르르 떨리거나, 그네가 앞뒤로 움직이는 것도 진동이야. 진동이 한곳에만 머무르지 않고, 주위로 퍼져 나가는 현상이 파동이지.

**+ 파장** 파동은 같은 모양이 반복되면서 퍼지는데, 이 반복되는 모양에서 가장 높은 곳인 마루와 마루 사이의 길이, 또는 가장 낮은 곳인 골과 골 사이의 길이를 파장이라고 해.

**+ 진폭** 주기적인 진동이 있을 때, 중심으로부터 가장 크게 움직인 거리를 말해.

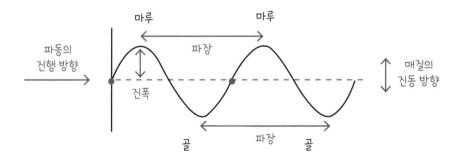

## 파동을 전달해 주는 매질

물에 물방울을 떨어뜨렸을 때 그 지점부터 물이 직접 퍼져 나가는 걸로 보여. 하지만 그 위에 종이배를 띄우면 물결을 따라 나아가지 않고, 제자리에서 오르락내리락하기만 해. 물은 제자리에서 진동만 할 뿐이고, 이때 생긴 진동 에너지만 물을 타고 사방으로 퍼져 나가기 때문이야.

진동이 퍼져 나가는 현상을 파동이라고 한다고 했지? 진동 에너지가 물을 타고 퍼지듯이 파동을 전달해 주는 물질을 매질이라고 해. 물결파는 물, 지진파는 땅이 매질이며, 소리는 공기와 물과 고체가 모두 매질이야.

파동은 진동 에너지가 매질을 타고 퍼져 나가는 특성으로 인해 먼 거리까지 정보를 전달할 수 있어. 땅의 진동으로 멀리 떨어진 곳에서 지진이 발생했다는 걸 알아채거나, 소리의 떨림이 공기를 타고 담벼락 너머까지 전달되는 경우처럼 말이야.

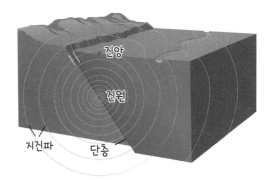

27

## 해안에 가까워질수록 파도가 높아지는 이유

파도는 바람, 해저 지진, 지각 변동, 조수 현상 등에 의해 생성되고 영향을 받아. 그런데 바다에서 발생하는 물결파인 파도의 속도는 수심에 따라 달라지기도 해. 수심이 깊을수록 파도의 속도가 빨라지고, 수심이 낮을수록 속도가 느려지는 특성이 있지. 수심이 낮을수록 바닷물과 바닥과의 마찰이 더 커지기 때문이야.

이런 이유로 파도는 수심이 깊은 먼바다에서 수심이 얕은 해안가로 갈수록 속도가 느려지면서 정체 현상이 일어나. 고속도로에서 앞쪽의 차가 속도를 줄이면 갑자기 도로 전체가 막히는 경우와 비슷하지.

반면에 뒤따라오는 파도는 여전히 속도가 빠른 탓에 앞의 파도를 집어삼키면서 파도의 높이가 높아지고 거친 파도가 만들어지는 거야.

거대한 쓰나미가 발생할 때, 깊은 바다에서는 파도의 높이가 1미터 정도지만, 해안가에 이르면 수십 미터까지 높아지는 것도 그런 이유 때문이야.

# 그래서 지금은?

## 바다의 선물, 파력발전

### 파도의 힘으로 전기를 만들어

전기는 우리 생활에 없어서는 안 될 필수적인 에너지야. 우리나라는 주로 석탄, 석유, 천연가스 등 화석연료를 이용해서 전기를 만들어. 하지만 화석연료는 양이 정해져 있는 데다가 재사용이 불가능해서 언젠가는 고갈될 거야. 더구나 화석연료는 태울 때 온실가스가 배출되어 지구온난화를 일으키기도 하지.

그래서 화석연료를 대신할 에너지로 신재생에너지의 활용이 늘고 있어. 신재생에너지는 신기술로 새롭게 개발한 신에너지와 다시 사용할 수 있는 재생에너지를 아우르는 말로 오염 물질이 거의 발생하지 않아. 대표적으로 태양 에너지, 조력 에너지, 풍력 에너지, 생물 에너지 등이 있어.

그런데 몇 년 전부터 새롭게 개발되고 있는 신재생에너지가 있어. 바로 파력발전이야. 파력발전은 파도의 상하운동 에너지를 이용해 전기를 만드는 발전 방식이야. 이 힘이 매우 강력해서, 많은 양의 전기를 한꺼번에 만들 수 있어. 파도는 끊임없이 움직이므로 고갈될 위험이 없고 언제든지 에너지를 만들 수 있다는 장점이 있어. 그래서 우리나라를 비롯해 미국, 영국, 스페인 등 세계 여러 나라에서 파력발전을 활용할 계획을 세우고 있어.

## 교과서 속 파동 키워드

\# **파동** 한 곳에서 생긴 진동이 다른 곳으로 전달되는 것을 말해요. 물결파, 음파, 전자기파, 지진파, 중력파 등이 있어요.

\# **매질** 파동을 전달하는 물질을 매질이라고 해요. 빛을 제외한 파동은 매질이 있어야만 이동할 수 있어요.

# 제 2 장

# 초음파로
# 의사소통하는 돌고래

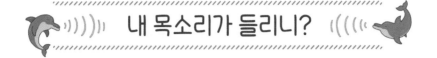

# 내 목소리가 들리니?

## 분홍돌고래가 사라졌어요

"나타날 때가 한참 지났는데……."

루카스는 출렁이는 카누 위에 앉아서 연신 두리번거렸어요. 고요한 아마존 강물은 붉은 노을빛을 받아 윤슬을 반짝였어요.

루카스는 집에서 먼 거리에 있는 학교까지 카누를 타고 다니는데, 학교를 마치고 집으로 돌아갈 때마다 꼭 이곳, 차로 호수에 들러요. 분홍돌고래 네티를 보기 위해서예요. 느지막한 오후 무렵이 되면 네티가 늘 이 근처에 나타나거든요.

루카스는 물속에 풍덩 뛰어들어서 네티와 함께 헤엄을 치며 보내는 그 시간이 정말 즐거워요.

그런데 웬일인지 네티가 며칠째 나타나지 않고 있어요. 태풍이 심하게 불었던 사흘 전부터 말이에요.

'무슨 일이 있는 건 아니겠지?'

32

루카스의 얼굴에는 그늘이 드리워졌어요.

그때, 물속에 반쯤 잠긴 아름드리나무 사이로 낯선 보트 한 대가 나타났어요. 처음 보는 아주머니가 잠수복 차림으로 보트를 몰며 다가왔어요.

"안녕? 난 줄리아라고 해. 여긴 마을에서 꽤 떨어진 곳인데 왜 여기에 있니? 혹시 길을 잃었니? 집이 어디야?"

"전 산페드로에 살아요. 길을 잃은 게 아니라 친구를 기다리고 있어요."

"아! 저 아래쪽에 있는 수상가옥 촌에서 왔구나."

"아주머니는 누구세요?"

"난 분홍돌고래를 연구하는 박사야. 돌고래의 소리를 수집하기 위해 강물 속에 수중 마이크를 설치하는 중이야."

돌고래를 연구한다는 말에, 루카스는 귀가 솔깃했어요.

"돌고래 소리를 수집한다고요? 돌고래는 울음소리도 거의 안 내던데……."

"호호호. 돌고래들이 얼마나 수다쟁이인데. 돌고래들은 주로 초음파로 대화를 나누는데, 사람의 귀에는 들리지 않아서 잘 모르는 것뿐이야."

"돌고래끼리만 듣는 소리가 있다고요?"

"응. 맞아. 사람이 들을 수 있는 소리의 주파수를 가청주파수라고 하는데, 가청주파수보다 진동수가 느린 소리를 초저주파라고 하고, 진동수가 빠른 소리를 초음파라고 해. 초저주파와 초음파는 사람의 귀에는 들리지 않아."

"그런데 돌고래 소리는 왜 수집해요?"

"분홍돌고래를 보호하기 위해서야. 분홍돌고래가 멸종위기종이라는 사실은 알고 있니?"

루카스는 고개를 끄덕였어요. 분홍돌고래가 사라지고 있다는 말을

분홍돌고래 소리 수집이요?

들었을 때 루카스의 마음이 얼마나 무거웠는지 몰라요. 가족과 친구들이 하나둘 사라질 때마다 네티가 얼마나 불안하고 외로울지 걱정됐거든요.

사실 루카스도 친구들이 브라질의 큰 도시로 나가기 위해 아마존을 떠날 때마다 마음이 아팠어요. 그럴 때 루카스의 허전한 마음을 채워 준 친구가 바로 네티였지요.

"분홍돌고래들의 소리를 분석해서 동선과 개체 수를 파악하면 돌고래에게 편하고 안전한 환경을 만들어 줄 수 있어. 또 돌고래들이 자주

응, 분홍돌고래를 보호하려면 소리가 꼭 필요하거든!

다니는 곳을 확인해서 보호 구역으로 지정할 수도 있지. 보호 구역으로 지정되면 사람이나 배의 출입을 제한해서 돌고래의 안전을 위협하는 행동을 사전에 막을 수 있어. 그래서 돌고래의 소리를 수집한 뒤에 AI로 분석하고 있어."

루카스는 대화를 나눌수록 줄리아 박사가 돌고래를 얼마나 좋아하는지 느낄 수 있었어요. 그러다가 문득 어떤 생각이 스치듯 지나갔어요.

"박사님, 네티 좀 찾아주세요. 네티는 분홍돌고래인데, 얼마 전부터 보이지 않아요."

루카스는 간절한 목소리로 부탁했어요.

"네가 기다리는 친구가 분홍돌고래였구나. 걱정하지 마. 내가 꼭 찾아줄게."

루카스는 줄리아 박사의 믿음직한 눈빛에 한결 마음이 놓였어요.


## 네티를 찾아서


루카스는 다음 날에도 차로 호수로 나갔어요. 한참을 기다렸지만, 오늘도 네티를 볼 수 없었어요. 때마침 저 멀리 줄리아 박사의 보트가 이쪽으로 다가오고 있었어요.

"여기 있을 줄 알았어."

줄리아 박사가 루카스의 카누 곁에 바짝 다가오더니 다급한 목소리로 말했어요.

"왜 그러세요? 설마 네티에게 무슨 일이라도 생겼어요?"

"흰 모래톱 근처에 설치한 수중 마이크에서 분홍돌고래의 목소리가 잡혔어. 네 마리가 한꺼번에 지나가는 소리였어. 그중에 네티가 있을지도 몰라."

"정말요?"

"그런데 그곳은 수심이 얕아서 돌고래들이 갈 만한 곳이 아니야. 그래서 직접 가서 확인해 보려고 하는데, 혹시 네가 거기까지 가는 길을 안내해 줄 수 있겠니? 물길이 미로처럼 복잡해서 말이야."

아닌 게 아니라 아마존강은 여러 갈래의 크고 작은 물줄기가 복잡하게 얽혀 있어요. 이곳에 오래 사는 사람도 길을 잃고 헤맬 때가 있지요.

하지만 다행히도 흰 모래톱 근처라면 루카스가 잘 알고 있어요. 어부인 아버지를 따라 고기를 잡으러 자주 다니던 곳이거든요. 루카스는 고민할 것도 없이 고개를 끄덕였어요.

줄리아 박사는 루카스의 안내를 받으며 구불구불한 물줄기를 따라 한참 동안 보트를 몰았어요. 두 사람이 탄 보트 뒤로는 줄리아 박사의 연락을 받고 온 구조 보트도 뒤따라왔어요. 구조 보트에는 구조대원이 여러 명 타고 있었지요.

휜 모래톱에 가까워질수록 수심이 점점 얕아졌어요. 루카스는 오랜만에 오긴 했지만, 갑자기 달라진 지형에 길을 잘못 들었나 착각할 정도였어요. 줄리아 박사의 말대로 이곳은 돌고래가 있을 만한 곳이 아니었어요.

"돌고래들이 도대체 왜 이쪽으로 갔을까요? 이곳은 돌고래들이 헤엄치기도 힘들 것 같아요."

루카스는 불안한 표정으로 물었어요.

"아마도 먹이를 찾으러 갔을 거야. 지구온난화 때문에 수온이 높아지면서 아마존강에 살던 생물들이 많이 줄고 있으니까."

줄리아 박사가 안타까운 목소리로 대답했어요.

루카스도 언젠가부터 아마존의 날씨가 예전 같지 않다는 말을 자주 듣긴 했어요. 며칠 전에 산페드로를 휩쓸었던 태풍도 이상기후 현상으로 평소보다 강하고 위험하게 불었다고 했고요. 갑자기 달라진 기후 때문인지 아버지도 해를 거듭할수록 물고기의 수확량이 줄어든다며 걱정이 이만저만이 아니었어요.

## 물속에서 울리는 목소리

"이제 거의 다 왔어."

줄리아 박사가 말했어요. 하지만 물길을 따라 왼쪽으로 꺾는 순간, 보트는 제자리에 뚝 멈추고 말았어요. 바로 앞에 커다란 나무가 통째로 쓰러져 있었거든요. 뿌리 쪽은 강기슭에 걸쳐 있고 나뭇가지 쪽은 물속에 처박혀서 좁은 강폭을 막아 버리는 바람에 보트가 더 이상 나아갈 수 없었어요.

"며칠 전에 태풍이 지나갈 때 쓰러졌나 봐요."

루카스가 나무를 가리키며 말하자, 줄리아 박사가 고개를 끄덕였어요. 그러더니 보트를 강변에 대고 강기슭을 올라갔어요. 루카스도 보트에서 내려 줄리아 박사의 뒤를 따랐어요.

"저기 좀 봐! 돌고래들이 저 안에 갇혀 있어."

줄리아 박사가 쓰러진 나무로 가로막힌 곳을 가리켰어요. 그 비좁은 물속에서 돌고래 몇 마리가 빙글빙글 도는 모습이 수면 위로 언뜻 비쳐 보였어요. 나무가 쓰러지면서 출구를 가로막은 데다가 강기슭에서 흘러내린 흙더미가 그 아래에 같이 쌓이는 바람에, 돌고래들이 그 안에 꼼짝없이 갇힌 모양이에요.

며칠 동안 얼마나 배가 고프고 답답했을지, 루카스는 숨이 턱 막혔어요.

구조대원들이 나무에 굵은 끈을 묶은 후 힘껏 잡아당겼어요. 하지만 나무는 쉽게 끌려오지 않았어요. 다들 땀으로 온몸이 흠뻑 젖었어요. 구조대원들이 한참을 끙끙거린 후에야 드디어 나무가 끌려 올라갔어요.

이제 물길이 트였어요. 하지만 돌고래들은 그 자리에서 꼼짝하지 않았어요. 잔뜩 겁을 먹은 것처럼 보였어요. 그때, 수면 위로 언뜻 네티처럼 보이는 돌고래 모습이 비친 것 같았어요.

"네티! 나야, 나! 이쪽으로 나와! 괜찮아."

루카스는 재빠르게 보트로 달려가 올라탔어요. 그리고 네티를 향해

빼꼼

있는 힘껏 소리쳤어요. 루카스가 외치는 소리가 공기를 타고 퍼져 나가 물속까지 울리길 바라면서요.

그런데 정말 루카스의 목소리가 네티의 귀에 닿은 걸까요? 물결의 출렁임이 커지더니, 분홍돌고래 한 마리가 물속에서 얼굴을 내밀었어요. 틀림없이 네티였어요! 네티는 루카스를 잠시 쳐다보더니 이쪽을 향해 곧장 헤엄쳐 왔어요. 매일 차로 호수에서 만나서 즐겁게 놀았을 때처럼 요. 그러자 다른 돌고래들도 그 뒤를 따라 하나둘 못을 빠져나왔어요. 루카스는 가슴을 쓸어내리며 안도의 숨을 내쉬었어요. 그때였어요.

끼익끼익.

네티가 루카스 쪽으로 다가오더니 입을 벌려 무언가 말하는 것 같았어요. 줄리아 박사가 돌고래들은 주로 초음파로 소통한다고 했지만, 네티는 루카스가 들을 수 있도록 입으로 소리를 내 주었어요.

끼이익끼익.

루카스는 네티가 건네는 말에 가만히 귀를 기울였어요.

"날 찾아줘서 고마워."

루카스의 귀에는 네티가 분명 그렇게 말하는 것처럼 들렸어요. 루카스는 기쁜 마음으로 네티의 말랑한 이마를 쓰다듬었어요.

# 줌 인 : 돌고래의 소통법

## 사람이 듣지 못하는 소리를 듣는다고?

### 분홍돌고래의 소리를 수집하는 이유

분홍돌고래라는 이름으로 알려진 아마존강돌고래는 무분별한 사냥과 기후 위기로 10년마다 개체 수가 50%씩 줄어들어 멸종 위기에 처해 있어. 브라질과 스페인의 연구원으로 구성된 한 연구팀은 아마존강돌고래의 멸종을 막기 위해 돌고래가 내는 소리로 동선을 파악하고 개체 수를 확인하는 기술을 개발했어.

지금까지는 돌고래의 동선을 파악하기 위해 돌고래 몸에 GPS 추적 태그를 달거나 드론으로 돌고래의 움직임을 살폈어. 하지만 이런 방식은 아마존강돌고래에게 위협적이었어. 그래서 연구팀은 수중 마이크를 이용하는 방법을 고안한 거야. 아마존강 일대에 수중 마이크를 설치해서 소리를 수집한 뒤에 인공지능을 활용하여 돌고래의 소리만 뽑아내는 방식이지. 이는 돌고래들이 물속에서 초음파로 다양한 의사소통을 나누기 때문에 가능한 방법이야.

## 사람은 들을 수 없는 소리, 초음파

소리는 물체가 떨리면서 생기는 파동이야. 음파라고도 불러. 돌고래는 음파 중에서 주로 초음파로 의사소통을 해. 일반적으로 사람이 들을 수 있는 음파는 주파수가 20~20000헤르츠(Hz) 정도이지만, 초음파는 주파수가 20000헤르츠(Hz) 이상의 소리로 사람의 귀에는 들리지 않아.

돌고래는 엄마가 새끼를 찾을 때, 무리 지어 먹이 사냥을 할 때, 먹이를 두고 경쟁할 때, 위험한 상황을 알릴 때 등 다양한 상황에서 초음파로 의사소통을 나눠.

또한 초음파로 "휘~." 하고 울리는 휘슬 음을 내기도 하는데, 상대에 따라 부르는 소리가 정해져 있어. 이는 돌고래가 다른 동물들과는 달리 각자 이름이 있고, 서로 그 이름을 불러 주기 때문에 낼 수 있는 소리야.

## 돌고래에게 소리는 눈이야

돌고래가 사는 물속은 햇빛이 직접 닿는 땅에 비해 매우 어두워. 이런

환경에서 돌고래에게 초음파는 눈을 대신하는 역할을 하기도 해.

돌고래가 초음파를 만들어 내는 곳은 이마 안쪽에 있는 멜론이라는 기름 주머니야. 이곳에서 내보낸 초음파는 목표물에 부딪힌 후 다시 돌아와 돌고래의 아래턱으로 여러 신호를 전달해. 돌고래는 그 신호를 통해 여러 정보를 얻게 되는데, 이 과정을 반향정위라고 해.

돌고래는 반향정위를 이용해 모래 속에 숨어 있는 먹잇감의 종류, 생김새, 위치 등을 정확하게 알아낼 수 있어. 또한 선박이나 암초 등의 위치를 파악해서 위험을 피할 수도 있어.

수많은 돌고래가 한꺼번에 초음파를 쏘면 헷갈리지 않을까? 다행히 자신이 낸 초음파의 반사음만 정확하게 골라서 들을 수 있기 때문에 그럴 일은 없다고 해.

**지식플러스+**

## 박쥐도 초음파를 이용해

박쥐는 돌고래와 함께 초음파를 이용하는 대표적인 동물이에요. 박쥐는 눈이 거의 보이지 않아요. 그렇지만 초음파의 반향정위를 사용해서 먹이를 찾아내고 물체를 식별할 수 있답니다.

# 소리를 찾았다!

## 떨리지 않으면 들리지 않아

### 소리도 파동이야

소리는 물체의 진동이 매질을 타고 퍼지는 파동 현상으로, 음파라고도 해. 기타의 줄이 떨리면서 발생한 소리가 공기를 타고 귓속으로 전해지는 것처럼 말이야.

이때 기타 소리를 전달해 준 매질은 무엇일까? 바로 공기야. 그런데 돌고래는 공기가 없는 물속에서 소리를 내어 의사소통할 수 있어. 그건 공기뿐만 아니라 물도 소리의 매질이기 때문이야.

기체, 액체 외에 땅이나 실 등 고체도 소리를 전달할 수 있어. 두 개의 종이컵을 실로 연결해서 서로 말을 주고받을 수 있는 것도 소리가 실이라는 매질을 타고 전해지기 때문이지.

## 초음파와 초저주파도 소리라고?

사람은 주파수가 20~20000헤르츠(Hz)일 때 소리를 들을 수 있어. 이 범위를 '가청주파수'라고 해. 주파수는 보통 음파나 전파가 1초 동안 진동하는 횟수를 말해. 헤르츠(Hz)는 주파수를 나타내는 단위야. 즉, 1헤르츠(Hz)는 1초당 1번의 진동이 발생하는 것이고, 1000헤르츠(Hz)는 1초당 1000번의 진동이 발생하는 거야.

주파수가 20000헤르츠(Hz) 이상으로 가청주파수의 범위를 벗어난 소리가 바로 초음파야. 그러니까 초음파는 음파가 1초당 20000번 이상 진동한다는 뜻이야.

도저히 사람의 귀로는 들을 수 없을 정도로 진동이 빠르게 일어나지. 고양이, 개, 박쥐, 돌고래 등 많은 동물이 초음파를 듣거나 신호를 보낼 수 있어.

반대로 초저주파는 주파수가 20헤르츠(Hz) 이하로, 진동이 너무 느려서 사람의 귀에 들리지 않는 소리야. 동물 중에서 코끼리와 기린이 초저주파를 사용해.

## 숨어 있는 먹이도 볼 수 있게 해 주는 파동의 회절

돌고래는 반향정위로 주변 사물이나 지형을 인식해. 앞서 설명했듯, 반향정위는 음파나 초음파를 낸 뒤 그 대상에 부딪혀 돌아오는 메아리로 자신과 상대의 상태를 확인하는 방법을 말해. 부딪혀서 돌아오는 건 소리 파동이 반사하는 성질과도 상관이 있지만, 돌고래가 이런 반향정위로 먹이를 잡거나 위험을 감지하는 건 소리 파동이 회절하는 성질 때문이야.

'회절'이란 파동이 진행하다가 장애물이나 좁은 틈을 만나게 되었을 때 장애물을 돌아가거나 틈 사이를 지나 부채꼴로 퍼지면서 반대편으로 전달되는 현상을 말해. 회절은 입자와 파동을 구분 짓는 중요한 특징 중 하나지.

문이 닫힌 방 안에서는 거실을 볼 수 없지만, 거실에서 누군가 나를 부르면 그 소리는 들리지? 회절은 파장이 길수록 더 활발하게 일어나기 때문이야.

예를 들어 빛을 전달하는 가시광선은 파장이 짧아서 회절이 잘 일어나지 않아. 그래서 눈에 보이는 범위는 거의 직선을 벗어나지 못해. 그러니까 좁은 구멍 틈새를 통과하는 빛은 보이지만, 장애물에 가려진 사물은 볼 수가 없는 거야.

그런데 소리는 파장이 길어서 장애물을 만났을 때 퍼지거나 돌아가는 경우가 많아. 특히 초음파를 감지하는 돌고래의 경우 반향정위 과정을 통해 장애물 뒤에 가려져 있는 사물을 확인할 수 있는 거야.

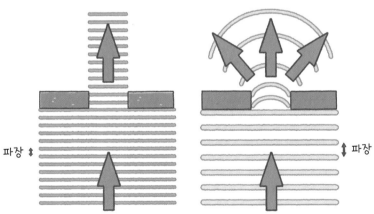

파장 ↕          ↕ 파장

반향정위로는 직접 눈으로 보는 것보다 정확도와 속도가 떨어지긴 하지만, 어차피 어두운 물속 환경에서는 눈의 기능을 온전히 활용하기 어려워. 그러니까 돌고래는 반향정위를 통해 자신의 환경에 맞는 생존법을 잘 터득한 셈이야.

 **지식플러스+**

### 파동이냐? 입자냐?

입자란 물질을 구성하는 미세한 크기의 물체를 말해요. 파동은 한곳에서 시작된 진동이 퍼져 나가는 현상을 말하죠. 입자와 다른 파동의 대표적인 특징은 회절과 간섭이 있어요. 파동은 회절하는 특성이 있어서 장애물을 만날 때 틈새로 퍼져 나가기도 하지만, 입자는 틈새를 그대로 통과할 뿐 퍼지지 않아요. 한편 두 파동이 만나면 진폭이 커지거나 작아지는 간섭이 일어나는데, 이 또한 파동에서만 나타나는 현상이지요. 이렇듯 파동과 입자는 다른 특성을 갖기 때문에, 고전물리학에서는 특정 물질이 입자인지 파동인지를 두고 숱한 논의를 했어요. 특히 빛이 입자냐 파동이냐를 두고 과학자들 사이에 오랜 논란이 있었는데, 현대에 와서는 빛을 포함한 모든 물질이 입자와 파동, 두 가지 성질을 다 지닌다는 걸 알아냈어요.

# 그래서 지금은?

## 소나로 듣는 바닷속 세상

### 수중에서 음파를 쏘다

공중이나 지상에서는 전자기파를 이용하여 목표물을 탐지하는 레이더가 주로 사용돼. 하지만 전자기파는 수중에서 전달되는 거리가 공중에서보다 짧아져. 반면 음파는 지상보다 물속에서 더 빠른 데다가, 전자기파보다 더 길게 퍼져 나가. 그래서 수중에서 목표물을 탐지할 때는 음파탐지기가 쓰이고 있어.

음파탐지기는 탐지 방식에 따라 수동 소나와 능동 소나로 나뉘어. 수동 소나는 목표물이 내는 소리를 감지해 위치를 알아내는 방법이야.

그런데 1912년에 야간 항해를 하던 타이타닉호가 빙산에 충돌해 침몰하면서 1514명이 목숨을 잃은 사고가 일어났어. 이 사고로 인해 수동 소나보다 더 정확한 음파탐지기의 필요성이 커졌어. 그로부터 2년 후, 능동 소나가 개발되었어.

수동 소나가 목표물이 내는 소리만 감지할 수 있다면, 능동 소나는 음파탐지기가 직접 음파를 발사해서 목표물에 부딪혀 돌아오는 반향음을 감지해 목표물까지의 거리와 위치를 알아내는 방식이야. 돌고래가 반향 정위로 먹잇감의 정보를 얻는 것과 같은 원리지.

우리나라는 넓은 공간을 신속하게 탐지할 수 있는 잠수함 소나 기술을 개발하는 데 성공했어. 지난 2018년에 개발을 시작해서 5년간의 연구 끝에 이뤄낸 성과야.

기존의 원통 모양 소나는 표적의 방향은 알 수 있지만 위에 있는지 아

래에 있는지는 알 수 없었어. 표적의 방향과 위아래 위치까지 알 수 있는 공 모양 소나도 있지만 크기가 커서 무장 발사 장치와 함께 설치하기 까다롭다는 이유로 많이 쓰이지 않았지.

하지만 우리나라의 독자 기술로 완성한 곡면배열소나는 말발굽처럼 휘어진 모양이어서, 무장 발사 장치를 피해 설치하기도 수월하고, 탐지 기능이 향상되어 표적의 위치를 정확하게 알 수 있다는 장점도 있어. 이미 영국, 미국, 러시아, 일본 등 여러 나라에서는 잠수함에 곡면배열소나를 설치해서 활용하고 있지. 우리나라도 곡면배열소나의 기술력을 확보했으니 잠수함의 성능이 더욱 향상될 거라는 기대가 모이고 있어.

## 교과서 속 파동 키워드

# 초음파 사람이 들을 수 있는 소리보다 주파수가 큰 음파예요. 가청진동수(20~20000헤르츠)보다 높은 진동수를 가지고 있어요.

# 파동의 반사 파동이 진행하다가 성질이 다른 매질에 부딪혔을 때 되돌아오는 현상이에요.

# 파동의 회절 파동이 좁은 틈이나 장애물을 만났을 때 퍼지거나 휘어지는 현상이에요.

# 제 3 장

# 몸에서 빛을 내는
# 반딧불이

# 별빛 마을의 별똥별

## 솔숲의 별 무리

맴맴. 늦여름의 매미 소리가 동재의 귓가를 울렸어요. 동재는 팔베개를 하고 솔숲에 누워 하늘을 쳐다보았어요.

'은하 생일 선물로 뭐가 좋을까?'

동재는 골똘히 생각에 잠겼어요.

며칠 뒤 은하의 생일이에요. 은하가 전학을 온 지도 벌써 한 학기가 지났지만, 동재는 은하와 한마디도 제대로 나누지 못했어요. 그래서 생일 선물을 주면서 친하게 지내자고 말하려는데 은하가 어떤 선물을 좋아할지 도통 떠오르지 않았어요.

어느새 저녁 해가 저물고, 주위는 금세 어둠에 휩싸였어요. 동재는 집에 가려고 몸을 일으켰어요.

그때, 동재의 눈앞에 노란빛이 하나둘 켜지기 시작했어요. 이맘때쯤이면 나타나는 반딧불이예요. 반딧불이는 몸에서 나오는 화학물질이

산소와 만나면서 스스로 불빛을 내요. 옆구리에 과학 책을 늘 끼고 사는 누나가 설명해 준 적이 있어요.

반딧불이들은 꽁무니로 노란빛을 깜빡이며 솔숲을 날아다녔어요. 마치 하늘의 별 무리가 내려앉은 것 같았어요.

"그래, 맞아! 별이 좋겠어!"

동재는 머릿속에서 전구가 환하게 켜진 것 같았어요.

"별빛마을은 이름처럼 별이 많아서 마음에 들어. 난 별을 좋아하거든. 내 꿈은 우주를 연구하는 천문학자야."

은하가 별빛마을의 유일한 초등학교인 별빛 초등학교 5학년 1반으로 전학을 왔던 첫날에 자기소개를 하면서 했던 말이에요. 동재는 반딧불이를 보자 그때 들었던 말이 떠올랐어요.

은하는 원래 멀리 떨어진 도시에서 부모님과 함께 살았어요. 그런데 부모님이 운영하는 식당이 어려워져서 살던 집을 내놓는 바람에, 온 식구가 식당에서 지내게 됐다나 봐요. 하지만 은하의 부모님은 은하마저 식당에서 지내게 할 수는 없었대요. 그래서 은하는 지난봄부터 별빛마을로 내려와서 할머니와 살고 있어요.

부모님과 떨어져 살고 있지만, 은하는 주눅 드는 법도 없이 씩씩했어요. 전학을 온 첫날부터 친구들에게 스스럼없이 다가갔어요. 마치 이 동네에서 함께 자란 친구 같았지요. 친구들도 그런 은하를 좋아했어요. 동재도 그중 한 명이고요. 은하는 소심한 성격 탓에 항상 어깨를 움츠리고 다니는 동재와는 달랐어요. 그래서 동재는 은하와 더 친해지고 싶었는지 몰라요.

동재는 은하가 선물을 받고 좋아할 모습을 떠올리자 가슴이 세차게 뛰었어요.

# 별을 선물하고 싶은 마음

주말이 지나고 월요일이 되었어요. 오늘은 드디어 은하의 생일이에요. 수업 시간 내내 동재의 귀에는 선생님의 설명이 하나도 들어오지 않았어요.

'어떻게 전해 주지?'

동재는 주머니에 손을 넣고 무언가를 만지작거리며 딴생각에 잠겼어요. 지난 주말에 동재는 버스를 타고 읍내로 나가서 가장 큰 문구점에 들어갔어요. 문구점을 몇 바퀴나 돌면서 은하의 선물을 골랐는데, 그게 바로 주머니 속에 들어 있는 키링이에요. 키링 끝에는 은하가 좋아하는 별 모양 장식이 대롱대롱 달려 있어요.

사실 동재 눈에 들어온 건 따로 있었어요. 별 모양의 펜던트였어요. 한눈에 보아도 은하에게 잘 어울릴 것 같았어요. 하지만 가격을 보자마자 다시 내려놓을 수밖에 없었어요. 펜던트를 사기에는 동재가 가진 용돈이 턱없이 모자랐거든요.

쉬는 시간, 동재는 화장실에서 볼일을 보고 교실로 들어가고 있었어요. 마침 복도 저편에서 은하가 걸어오는 게 보였어요. 지금이 기회인 것 같았어요! 동재는 주머니에서 키링을 꺼내 들고 은하를 향해 쭈뼛거

리며 다가갔어요. 심장이 터질 것처럼 뛰었어요.

　그런데 그때였어요.

　"은하야!"

　은하 뒤에서 주형이가 달려오더니, 은하를 불러서 멈춰 세웠어요. 은하 곁에는 언제나 주형이가 딱 붙어 있어요. 은하는 주형이가 무슨 말만 하면 까르르 잘도 웃지요.

　주형이가 은하에게 무언가를 건넸어요.

'어? 저건……'

바로 동재가 사지 못한 별 모양의 펜던트였어요.

"은하야, 생일 축하해! 이거 선물이야."

"우와, 별 모양 펜던트잖아? 너무 이쁘다!"

은하의 얼굴에는 환한 미소가 번졌어요. 그걸 보자마자 동재의 고개가 푹 꺾였어요. 동재는 키링을 꼭 쥔 채 두 사람 곁을 조용히 지나갔어요.

## 소원을 들어주는 반딧불이의 빛

동재는 어두컴컴한 논둑길을 터덜터덜 걸었어요. 동재의 손에는 빈 소쿠리가 들려 있었어요. 엄마의 심부름으로 밤나무 집 할아버지에게 찐 감자 몇 알을 드리고 집으로 돌아가는 길이에요.

동재는 자신도 모르게 한숨을 푹 내쉬었어요. 오늘 낮에 본 은하의 표정이 온종일 눈앞에 어른거렸어요. 주형이를 보면서 어찌나 환하게 웃던지……. 답답한 마음에 문득 하늘을 올려봤어요. 하늘에는 먹구름이 잔뜩 끼어서 달빛마저 희끄무레했어요.

다시 무거운 걸음을 옮기던 그때였어요. 논두렁에 덩그러니 앉아서 하늘을 쳐다보는 누군가의 옆모습이 보였어요. 뜻밖에도 은하였어요. 그런데 가로등 불빛에 비친 은하의 얼굴이 어두웠어요.

'오늘 생일인데 왜 혼자 있지?'

동재는 고개를 갸웃했어요. 얼결에 은하가 있는 쪽으로 몇 걸음 다가갔어요. 가까이에서 보니 은하가 눈물을 뚝뚝 흘리고 있었어요. 동재는 화들짝 놀랐어요.

"무슨 일이야? 왜 울어?"

동재는 자기도 모르게 은하에게 불쑥 말을 걸었어요. 은하가 흠칫 놀라며 고개를 돌리더니, 동재의 얼굴을 확인하자 훌쩍거리며 말을 꺼냈어요.

"어? 동재구나. 날씨가 흐려서 별이 하나도 안 보여. 오늘 별똥별이 떨어진다고 했거든. 별똥별 보면서 꼭 빌고 싶은 소원이 있었는데."

"무슨 소원?"

"내 생일이 되면 엄마 아빠가 오시기로 했거든. 그런데 일이 너무 바빠서 못 오신대. 여기로 전학 오고 나서 아직 엄마 아빠 얼굴을 한 번도 보지 못했어. 그래서 꼭 보게 해 달라고 빌고 싶었는데……."

은하의 흐느낌이 점점 커졌어요. 동재는 은하의 씩씩한 모습 뒤로 이렇게 외로운 마음이 숨겨져 있는 줄 몰랐어요. 별똥별을 볼 수 있었다면 은하에게 위로가 되었을 텐데……. 동재는 하늘을 가린 먹구름이 야속하게 느껴졌어요. 그 순간, 동재의 머릿속에 좋은 생각이 떠올랐어요.

"은하야, 이쪽으로 따라와!"

동재는 은하를 데리고 대나무숲으로 향했어요. 숲 안으로 얼마쯤 들어가자, 온통 반짝이는 별이 가득했어요. 바로 반딧불이가 내뿜는 빛이었어요.

"우와! 하늘에서 떨어진 별똥별이 이곳에 모여 있는 것 같아! 이게 뭐야?"

은하가 감탄하는 표정으로 한 바퀴 천천히 돌았어요.

"반딧불이야."

"반딧불이를 직접 보는 건 처음이야. 도시에서는 보기가 힘든데, 너무 신기해. 반딧불이들은 왜 이렇게 빛을 내며 반짝이는 걸까?"

"마음에 드는 짝에게 신호를 보내는 거래. 내 마음을 받아 달라고."

동재는 말을 꺼내고 보니 꼭 제 마음을 고백하는 기분이 들어, 괜스레 얼굴이 달아올랐어요.

"이 불빛을 별똥별이라고 생각하고 소원을 빌어 봐."

동재의 말에 은하는 고개를 끄덕였어요. 그러고는 눈을 감은 채 무언가를 중얼거렸어요. 은하 곁에 선 동재도 두 손을 마주 잡고 소원을 빌었어요.

'은하와 친해지고 싶어요.'

바로 그 순간이었어요.

"은하야!"

뒤에서 누군가 은하를 불렀어요. 은하가 번쩍 눈을 떴어요. 그러고는

소리가 나는 쪽으로 고개를 돌리더니, 두 눈이 커졌어요.

"엄마! 아빠!"

은하는 빠르게 달려가 부모님의 품에 안겼어요. 두 분이 은하를 꼭 안아 주었어요.

'정말 부모님이 오신 거야?'

동재가 얼떨떨한 표정으로 주위를 둘러봤어요. 반딧불이들이 유유히 날아다니며 빛들을 반짝거렸어요. 정말 반딧불이의 빛이 은하의 소원을 들어주기라도 한 걸까요? 동재는 이 상황이 신기할 뿐이었어요.

잠시 후, 은하가 동재에게 되돌아왔어요.

"내가 너무 보고 싶어서 막차 타고 오셨대. 동네로 들어오다가 마침 우리를 보고 따라오셨나 봐. 동재야, 이게 다 네 덕분이야. 정말 최고의 선물이야!"

은하가 팔짝팔짝 뛰며 좋아했어요. 은하가 기뻐하는 모습을 보니, 동재의 마음도 풍선처럼 부풀어 올랐어요.

"부모님이 생일 케이크도 사 오셨어. 우리 같이 먹으러 갈래? 생일 파티에 초대할게!"

은하의 초대라니! 반딧불이의 빛이 동재의 소원도 들어주었나 봐요. 동재의 얼굴에도 반짝이는 미소가 떠올랐어요.

# 증 인 : 반딧불이의 신호

## 짝을 찾기 위해 빛을 반짝인다고?

### 반딧불이가 빛을 내는 이유는?

우리나라에 살고 있는 대표적인 반딧불이로는 늦반딧불이, 파파리반딧불이, 애반딧불이가 있어. 우리가 반딧불이를 만날 수 있는 시기는 여름뿐이야. 반딧불이의 애벌레가 허물을 벗고 성충이 되는 때가 바로 이맘때거든.

성충이 된 반딧불이는 밤이 되면 일제히 꽁무니로 불빛을 깜빡거려. 반딧불이가 불빛을 내는 이유는 주로 사랑을 찾기 위해서야. 암컷이 자신의 위치를 알리기 위해 빛을 내기도 하고, 수컷이 암컷의 마음에 들기 위해 빛을 내면서 춤을 추기도 하지. 반딧불이가 빛을 내는 건 사랑을 속삭이

67

는 대화였던 셈이야.

　이 외에도 스트레스를 받거나, 주위에 위험을 알려주거나, 자기를 방어하기 위해 빛을 깜박이기도 해.

## 형설지공(螢雪之功)

형설지공은 어둠 속에서 하늘에서 내린 눈빛과 반딧불이에서 나오는 빛을 등불로 삼아 공부한다는 뜻의 고사성어예요. 어려운 환경을 딛고 성공에 이른 사람에게 쓰는 말이지요. 그런데 형설지공에 담긴 뜻처럼 반딧불이의 불로 공부하는 게 정말 가능할까요? 책상 위에 놓인 스탠드의 적정 밝기는 보통 500~1000럭스예요. 반딧불이 한 마리가 내는 밝기는 대략 3럭스니까, 이론상으로는 170마리 정도 있으면 책을 읽을 만큼 불을 밝힐 수 있어요.

# 빛을 찾았다!

## 전기장과 자기장이 만들어 내는 빛

### 빛의 정체는 뭘까?

빛의 속성에 관해, 빛이 입자인지 파동인지를 두고 오래전부터 과학자들 사이에 여러 가지 가설과 논쟁이 있었어.

고전물리학에서는 빛이 파동이라는 주장이 지배적이었는데, 아인슈타인이 광양자설을 제기하며 빛의 입자성을 주장한 뒤, 지금에 이르러서는 빛이 입자와 파동, 두 가지 속성을 다 가지고 있다는 것을 알게 됐어.

빛은 우리 눈에 보이는 것 이상으로 다채로운 속성을 지닌 것 같지?

우리는 지금 파동을 공부하고 있으니까, 여기서는 빛이 파동으로서 가지는 성질을 중심으로 이해해 보자.

## 빛의 또 다른 이름, 가시광선

우리가 일상적으로 말하는 빛은 눈에 보이는 것만을 일컫지만 물리학에서 말하는 빛은 전자기파의 한 종류야. 전자기파는 전기장이 변화하면서 자기장을 만들고 다시 이 변화하는 자기장이 전기장을 만드는 과정을 반복하며 공간을 전파해 나가는 파동을 말해. 빛이 전자기파의 한 종류라는 사실을 처음 밝힌 사람은 영국의 물리학자인 맥스웰이야. 맥스웰은 전자기파를 연구하다가 진공 상태에서 전자기파와 빛의 속도가 초속 30만km 정도로 같다는 걸 발견했어.

그 후로 전자기파와 빛의 관계에 관심을 가지고 살펴보다가 빛도 전자기파처럼 전기장과 자기장의 진동 현상으로 발생한다는 사실을 증명했지.

전자기파는 파장이 짧은 순서대로 감마선, X선, 자외선, 가시광선, 적외선, 마이크로파, 라디오파로 나열할 수 있어. 이 중에서 사람의 눈으로 볼 수 있는 건 파장이 380~750나노미터(nm)인 가시광선뿐이야. 보통 '빛'으로 알려진 것이 바로 이 가시광선이지. 반딧불이가 내는 빛도 90%가 가시광선이기 때문에 우리 눈에 보이는 거야.

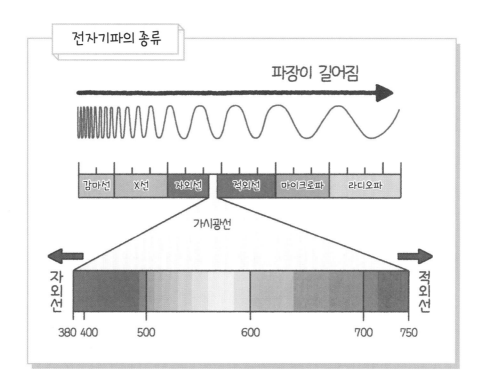

전자기파의 종류

파장이 길어짐

| 감마선 | X선 | 자외선 | 적외선 | 마이크로파 | 라디오파 |

가시광선

자외선

적외선

380 400    500    600    700 750

+ 감마선 방사성 물질이 나와 인체에 닿으면 위험해. 암을 치료하거나 감마선 망원경으로 우주를 관측할 때 쓰여.

+ X선 투과력이 강해 물체의 내부를 보는 데 이용할 수 있어. 공항의 보안 검색용 장비나 엑스레이를 촬영할 때 X선을 이용해.

+ 자외선 인체에 닿으면 피부를 검게 만들고 살균 작용을 해. 식기를 소독하거나 위조지폐를 감별할 때 유용해.

+ 가시광선 사람의 눈으로 볼 수 있는 전자기파 영역으로 보통 '빛'이라

해. 광학기계와 영상 장치로 빛을 다뤄.

✛ 적외선 물체에 흡수되어 열작용을 해. 물리치료기와 적외선 카메라에 쓰여.

✛ 마이크로파 음식물 속에 포함된 물 분자를 진동시켜 열을 내게 해. 전자레인지로 음식을 데우거나 휴대전화로 데이터를 빠르게 전송할 때 필요해.

✛ 라디오파(전파) 파장이 길어서 회절이 잘 일어나 전달이 잘 돼. TV, 라디오, 휴대전화, GPS 등은 정보를 송수신할 때 라디오파를 사용해.

## 빛은 매질이 필요 없어

파동은 진동 에너지가 전달되는 현상이야. 에너지가 전달되기 위해선 진동할 대상, 즉 매질이 있어야 해. 음파는 공기, 고체, 액체를, 물결파는 물을, 지진파는 땅을 진동시켜서 에너지를 전달하는 것처럼 말이야. 우주에서 아무 소리를 들을 수 없는 것도, 공기나 물처럼 음파를 진동시키는 매질이 없기 때문이야.

그런데 매질이 필요 없는 파동도 있어. 바로 빛이야. 빛은 전자기파의 한 종류라고 했지? 다른 파동은 매질의 진동이 전달되는 과정인데 반해, 전자기파는 전기장의 세기가 커졌다 작아지는 반복 현상이 전달되는 파동이거든. 태양에서 나오는 빛이 매질이 없는 우주를 거쳐 지구까지 도달할 수 있는 것도 이런 이유 때문이야.

## 빛의 굴절은 매질 때문이라고?

빛은 매질이 필요 없어서 진공 상태에서도 전달되지만, 빛이 지나는 길에 다른 물질이 있으면 그 물질이 빛의 매질이 돼. 즉, 공기를 지나가면 공기가 빛의 매질이 되는 거고 물속을 지나가면 물이 빛의 매질이 되지.

빛은 기본적으로 직진하는 특성이 있어. 또 거울을 보면 알 수 있듯이 빛은 직진하다가 물체에 부딪히면 진행 방향이 바뀌어 반사하는 성질도 있지.

하지만 공기에서 물을 향해 가거나 물속에서 물 밖을 향해 가는 빛은 곧은 일직선으로 진행하거나 반사하지 않고 그 경계면에서 방향이 꺾이기도 해.

이렇게 빛이 한 매질에서 다른 매질로 비스듬하게 진행할 때 방향이 꺾이는 현상을 굴절이라고 해.

파동이 굴절을 일으키는 이유는 두 매질의 밀도가 다를 때 생기는 속도 차이 때문이야. 매끈한 바닥 위를 구르던 수레가 울퉁불퉁한 자갈 바닥으로 비스듬히 들어가는 경우를 생각해 보자. 수레의 양쪽 바퀴 중에서 자갈 바닥에 먼저 닿은 바퀴의 진행 속도가 줄면서, 수레의 방향이 속도가 느린 쪽으로 꺾이게 돼.

빛도 마찬가지야. 빛은 공기보다 물속에서 느리게 움직이기 때문에, 빛

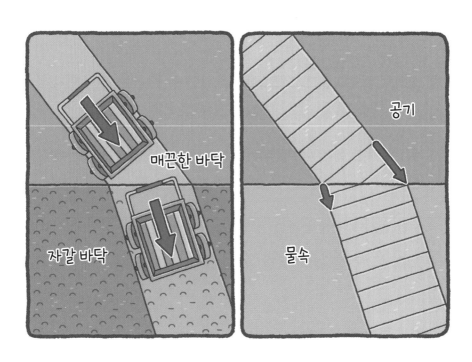

이 물속으로 비스듬히 들어가는 순간 물에 먼저 닿은 쪽으로 빛의 진행 방향이 휘면서 굴절이 일어나게 돼. 자갈 바닥에 먼저 닿은 바퀴 쪽으로 수레가 꺾인 것처럼 말이야. 한편, 수레의 두 앞바퀴가 동시에 자갈밭으로 들어갈 경우는 수레의 방향이 틀어지지 않지? 그렇듯 빛이 물속에 수직으로 들어가는 경우에는 굴절이 일어나지 않아.

## 물속에 잠긴 물체를 볼 때 일어나는 착시 현상

우리가 물체를 볼 수 있는 것은 물체에서 반사된 빛이 우리 눈에 들어오기 때문이야. 물속에 담긴 물체를 볼 때도 물체에서 반사된 빛이 물 밖으로 나와 우리 눈으로 들어오는 거지.

그 과정에서 물과 공기의 경계면에서 굴절이 일어나지만, 우리 뇌는 빛이 굴절한 것을 인식하지 못하고 똑바로 나왔다고 생각해. 그래서 물체가 실제 위치보다

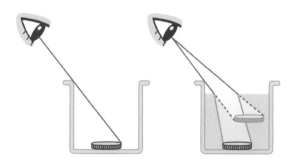

더 위쪽에 있는 것처럼 보이는 거야.

컵 속에 담긴 동전이 보이지 않았다가, 컵에 물을 담았을 때 떠오르듯 보이는 것이나, 물속에 잠긴 다리가 실제보다 짧아 보이는 것도 이런 원리 때문이야.

##  하늘에 무지개가 뜨는 이유는?

햇빛은 한 가지 색으로 보이지만 프리즘을 지나면 빨강, 주황, 노랑, 초록, 파랑, 남색, 보라 등 여러 색으로 나뉘어요. 이처럼 빛이 여러 색으로 나뉘는 현상을 빛의 분산이라고 해요. 빛의 분산이 일어나는 이유는 빛의 파장 때문이에요. 빛은 한 매질에서 다른 매질로 이동할 때 굴절하는데, 파장에 따라 굴절하는 정도가 달라요. 파장이 짧은 빛은 파장이 긴 빛에 비해 굴절이 많이 일어나지요. 그런데 앞에서 살펴보았듯이 빛은 보라색에 가까울수록 파장이 짧고 붉은색에 가까울수록 파장이 길어요. 따라서 빛이 다른 매질로 넘어가는 순간 파장에 따라 꺾이는 각도가 달라지면서 보라색부터 빨간색까지 여러 색으로 나뉘는 빛의 분산이 생기는 거예요. 마찬가지로 비가 온 뒤에 햇빛이 공기 중의 물방울을 통과할 때도 빛이 분산되어 여러 가지 색으로 나뉘어요. 그 결과 하늘에 무지개가 나타나는 거랍니다.

# 그래서 지금은?

## 생물발광의 신비

### 생물발광 기술로 빛공해를 줄일 수 있어

인공적인 빛이 지나치게 밝아서 사람들을 불편하게 하거나 환경에 피해를 주는 것을 빛공해라고 해. 국제천문연맹은 자연 상태의 밤하늘보다 10% 이상 밝은 상태를 빛공해로 규정하고 있어. 창문 밖에서 강하게 비춰 들어오는 빛 때문에 잠을 이루지 못하거나, 도시의 불빛 때문에 밤하늘에 별이 보이지 않거나, 밤낮으로 환한 환경 때문에 동식물들이 제대로 성장하지 못하는 경우가 빛공해로 인해 일어나는 일들이야.

빛공해를 줄여야 한다는 목소리가 커지면서 생물발광 기술을 향한 관심이 높아지고 있어. 생물발광 기술은 스스로 빛을 내는 발광생물을 조명 대신 활용하는 기술인데, 이러한 자연의 빛은 인공적인 빛보다 파장이 짧아서 멀리 퍼지지 않으므로 빛공해를 줄일 수 있어.

프랑스의 스타트업 기업 '글로위'는 생물발광 기술을 적용해서 새로운 조명을 개발했어. 이 조명은 프랑스 관광도시인 랑부예에 설치되었는데, 프랑스 해안에서 채취한 해양 발광 세균인 '알리비브리오 피셰리'를 해수가 담긴 튜브에 담아서 은은한 청록색 빛을 만들어 내지. 전기를 공급하는 대신 세균에게 산소와 양분을 주면 계속 불빛을 낼 수 있어.

생물발광 기술의 또 다른 사례로 미국 메사추세츠 공과대학의 연구팀이 개발한 식물 발광 조명도 있어. 식물 발광 조명은 나무에 루시페린 등 생물발광체를 주입해서 스스로 빛을 내고 충전까지 가능한 조명이야.

생물발광 기술은 전기를 얻기 위해 화석연료를 태우지 않아도 되기 때문에 친환경적인 기술로 큰 관심을 받고 있어.

## 교과서 속 파동 키워드

# 전자기파 전기장과 자기장이 진동하면서 퍼져 나가는 파동이에요. 매질이 필요 없어요.

# 굴절 휘어서 꺾인다는 뜻이에요. 빛이 한 물질에서 다른 물질로 나아갈 때 방향이 꺾이는 현상을 말해요.

# 제 4 장

# 자외선으로 보는 세상, 순록

# 푸른 눈에만 보여요

## 야말의 신비한 눈동자

"아빠!"

슈라는 교문 앞에서 기다리고 있는 아빠를 발견하고 반갑게 손을 흔들었어요.

"어서 타. 해 지기 전에 도착하려면 바로 출발해야 해."

아빠가 스노모빌의 시동을 걸면서 말했어요. 스노모빌은 눈과 얼음

위를 달릴 수 있도록 스키가 달린 자동차예요. 슈라는 스노모빌에 올라
탄 뒤 아빠의 허리를 꽉 붙잡았어요. 스노모빌이 엔진 소리를 내며 곧바
로 출발했어요.

　　슈라네 가족은 툰드라에서 유목 생활을 하는 네네츠인이에요. 하지
만 슈라는 가족과 떨어진 채 툰드라의 작은 도시에 있는 기숙학교에 다
니고 있어요. 지금 슈라는 겨울 방학을 맞아 두 달 만에 집으로 가는 길
이에요. 이번 방학이 지나면 5학년으로 올라가죠.

도시를 벗어나자 건물이 모두 사라지고 드넓은 초원이 펼쳐졌어요. 겨울에 접어든 툰드라는 온 사방이 눈으로 덮여서 눈부실 정도로 새하얬어요.

눈밭을 달린 지 두 시간쯤 지났어요. 저 멀리 슈라네 춤이 보였어요. 춤은 순록 가죽으로 만든 네네츠인의 전통 움막집이죠. 엄마가 스노모빌의 엔진 소리를 듣고 춤 밖으로 나와서 반겨 주었어요.

"슈라, 왔구나. 오느라 힘들지 않았어?"

"엄마, 야말은요?"

슈라는 대답 대신 주위를 두리번거렸어요.

"오자마자 야말부터 찾는 거야?"

엄마가 서운한 기색을 내비쳤어요.

"앗, 그게 아니라……. 엄마! 보고 싶었어요."

슈라는 뒤늦게 엄마의 팔에 매달리며 애교를 떨었어요. 그때 춤 뒤에서 순록 한 마리가 어슬렁거리며 나타났어요.

"야말!"

슈라는 야말에게 달려가 목을 끌어안았어요.

3년 전이었어요. 슈라가 눈 속에 파묻혀서 얼어 죽어 가던 새끼 순록을 구한 적이 있어요. 그 새끼 순록이 바로 야말이에요. 그때부터 야말은 슈라네 춤에서 함께 살고 있어요. 슈라에게는 동생이나 마찬가지죠.

야말은 슈라의 얼굴을 빤히 쳐다보았어요. 야말도 슈라가 반가운가 봐요. 오늘따라 야말의 푸른 눈동자가 더욱 반짝이는 것처럼 보였어요.

야말의 눈 색깔이 달라진 걸 보니 겨울이 오긴 온 모양이에요. 순록들은 겨울이 되면 눈동자 색깔이 황금색에서 푸른색으로 달라지거든요.

슈라는 야말의 신비로운 푸른 눈을 한참 동안 들여다보며 반가움을 나누었어요.


## 슈라를 공격하는 야말?

"슈라, 순록 방목지에 같이 갈래?"

아빠가 물었어요. 슈라는 기다렸다는 듯이 고개를 끄덕였어요. 그렇지 않아도 순록들이 잘 지내고 있는지 궁금했거든요.

"야말, 너도 함께 가자."

슈라는 야말을 데리고 아빠를 뒤따라 순록 방목지로 향했어요.

순록 방목지에는 슈라네 가족이 키우는 수백 마리의 순록이 이끼를 뜯어 먹고 있었어요.

순록들이 좋아하는 이끼는 초원을 뒤덮은 새하얀 눈과 색깔이 비슷

85

해요. 슈라의 눈으로 보기엔 구분하기가 쉽지 않지요. 하지만 순록들은 발굽으로 눈을 헤쳐 그 속에 파묻힌 이끼를 잘 찾아냈어요.

사람의 눈은 자외선을 감지하지 못하지만, 순록의 푸른 눈동자는 자외선을 잘 감지하거든요. 이끼는 자외선을 흡수하고 흰 눈은 자외선을 반사해요. 그래서 순록의 눈으로 보면 눈과 이끼가 선명하게 구분되지요.

"와, 너무 귀여워!"

어느샌가 슈라는 바위를 오르락내리락하며 노는 흰 담비에게 마음을 빼앗겼어요. 그래서 자기도 모르게 담비를 뒤쫓았어요. 야말도 껑충껑충 뛰어 슈라의 뒤를 따라왔어요. 둘은 담비를 쫓아다니며 노느라 순록 무리에서 조금 멀어졌어요.

그때였어요. 야말이 갑자기 뿔로 슈라를 들이박기 시작했어요.

"어? 야말, 왜 이래? 그만해. 아프단 말이야."

슈라는 야말의 돌발행동에 무척 당황스러웠어요. 하지만 야말은 연신 주위를 두리번거리며 슈라를 자꾸 어딘가로 떠밀었어요. 슈라는 야말의 시선을 따라 고개를 돌렸지만 흰 눈밭 말고는 아무것도 보이지 않았어요. 슈라는 야말에게 떠밀리며 뒷걸음질을 치다가 어느새 순록 무리 가까이에 다다랐어요.

그런데 순록들의 행동도 어딘가 이상했어요. 자기들끼리 다닥다닥

붙어서 매우 거칠게 숨을 내쉬었어요.

　슈라는 순록들이 같은 방향을 쳐다본다는 사실을 깨달았어요. 조금 전까지 슈라가 담비를 구경하고 있던 바위 근처였어요. 슈라는 눈을 가늘게 뜨고 그쪽을 유심히 쳐다보았어요.

　그제야 무언가 희끄무레한 것이 눈에 들어왔어요. 그 형체를 알아채고 슈라의 얼굴은 사색이 되었어요. 그것의 정체는 바로 흰 털을 가진 늑대였어요.

# 순록의 눈에만 보여요

"꺄악. 아빠! 늑대가 나타났어요!"

탕!

슈라의 외침이 끝나기가 무섭게 곧바로 총소리가 울렸어요. 슈라는 얼결에 총소리가 울린 쪽으로 고개를 돌렸어요. 아빠가 허공에 대고 사냥용 총을 쏜 거였어요. 그 소리를 듣자마자 늑대는 부리나케 달아났어요.

"슈라야, 괜찮아?"

아빠가 다급하게 달려와 슈라의 상태를 살폈어요.

"괜찮아요. 야말이 저를 순록 무리에 숨겨 줬어요."

"야말이 늑대를 먼저 발견했나 보구나."

아빠가 안도의 숨을 길게 내쉬었어요.

"그런데 이상해요. 제 눈에는 늑대가 안 보였거든요. 늑대의 흰 털이 눈 속에 섞여 있으니까 잘 구분되지 않았어요."

그렇게 말한 순간, 슈라는 순록들이 흰 눈 속에 파묻힌 이끼를 잘 찾아냈던 장면이 떠올랐어요.

"혹시 야말이 재빨리 늑대를 발견한 것도 자외선을 볼 수 있는 눈 때문이에요?"

"맞아. 늑대의 흰 털도 이끼처럼 자외선을 흡수하거든. 야말에게 늑대의 털은 어둡게 보이고, 눈밭은 밝게 보이기 때문에 쉽게 구분할 수 있는 거야."

아빠의 말에 슈라는 자기 옆에 찰싹 붙어 있는 야말을 끌어안으며 외쳤어요.

"야말, 이번엔 네가 나를 구해 줬구나! 네가 아니었으면 큰일 날 뻔했어. 정말 고마워."

야말은 슈라의 말에 대꾸하듯 푸른 눈을 반짝이며 여러 번 끔뻑거렸어요.

# 줌 인 : 순록의 눈빛

## 순록의 눈에는 모두 다른 흰색

### 순록은 어떻게 사물을 구분할까?

순록의 눈과 자외선은 어떤 관계가 있을까?

북극 늑대의 털은 흰색을 띠고 있어. 그래서 눈 속에 섞여 있으면 구별하기가 어려워. 그런데 순록은 어떻게 새하얀 눈밭에서 늑대를 금방 발견해 위험을 피할 수 있을까? 순록의 푸른 눈에 비밀이 있어.

밤에 사냥을 하는 동물이나 심해에 사는 동물들은 망막 안쪽에 휘판이라는 반사판이 있는 경우가 많아. 휘판은 망막을 통과한 빛을 반사하여 다시 망막으로 돌려보내는 역할을 해. 눈이 더 많은 양의 빛을 받아들일 수 있도록 말이야. 그래서 휘판이 있는 동물은 휘판이 없는 동물에 비해

어두운 환경에서 더 잘 볼 수 있어. 어둠 속에서 개나 고양이의 눈이 번쩍이는 이유가 바로 휘판에서 빛이 반사되기 때문이야.

지금까지 밝혀진 바에 따르면, 순록은 포유류 중에서 유일하게 휘판의 색이 달라지는 동물이야. 여름에는 황금색이었던 휘판이 겨울이 되면 짙은 파란색으로 변하는데, 파란색으로 변한 휘판은 겨울철의 옅은 햇빛 속에서도 자외선을 민감하게 감지할 수 있어. 그래서 순록은 눈에 자외선 카메라를 단 것처럼 자외선을 흡수하는 사물과 반사하는 사물을 잘 구별할 수 있는 거야.

야말이 늑대를 잘 발견할 수 있었던 것도 이런 이유 때문이야. 눈과 늑대의 털은 비슷한 흰색을 띠고 있지만, 눈은 자외선을 반사하고 늑대의 털은 자외선을 흡수하거든. 그래서 순록의 눈에는 흰 눈은 더욱 희게 보이고, 늑대의 털은 어둡게 보여서 쉽게 구분할 수 있어.

자외선을 흡수한 물체를 구분할 수 있는 눈은 천적을 빨리 발견할 뿐만 아니라 먹이를 찾을 때도 유용해. 순록의 주식은 순록이끼라는 회백색 식물인데, 순록이끼도 자외선을 잘 흡수하거든. 그래서 순록이끼가 흰 눈 속에 꼭꼭 숨어 있어도, 순록들은 금방 찾을 수 있어.

## 동물들이 바라보는 세상

사람의 눈은 1만 7000가지 색깔을 구별할 만큼 섬세해요. 하지만 동물들은 사람이 보지 못하는 세상을 볼 수 있어요. 지금까지 알려진 바로는 가장 시력이 좋은 동물은 타조예요. 타조의 시력은 25.0 정도로 4km 떨어진 물체의 움직임도 파악할 수 있어요. 타조가 눈이 좋은 이유는 물체에서 반사된 빛이 들어오는 수정체가 머리뼈를 꽉 채울 정도로 크기 때문이에요. 고양이는 어두운 곳에서도 잘 볼 수 있어요. 고양이는 밝은 곳에서 동공이 길쭉하게 수축하면서 눈을 보호하지만, 어두운 곳에서는 동공이 확장되며 빛을 끌어모아 물체를 보거든요. 뱀은 가시광선의 붉은색 바깥쪽에 있는 적외선을 감지해요. 적외선은 사람이 볼 수 없는 빛이죠. 적외선은 열을 내는 빛이기 때문에 뱀은 먹이가 내는 열을 느끼고 접근해요. 곤충은 대부분 순록처럼 자외선을 볼 수 있어요. 사람의 눈에 한 가지 색으로 보이는 꽃잎도 곤충의 눈으로 보면 달리 보여요. 꽃잎을 자외선으로 보면 꿀이 있는 중앙으로 갈수록 짙어지거든요.

# 자외선을 찾았다!

## 가시광선보다 파장이 짧은 빛

### 자외선과 적외선은 무엇일까?

사람의 눈으로 감지할 수 있는 전자기파 영역을 가시광선이라 일컬어. 우리가 무지갯빛이라고 부르는 일곱 색깔, 빨간색, 주황색, 노란색, 초록색, 파란색, 남색, 보라색이 가시광선을 구성하는 빛깔이야. 가시광선은 빨간색으로 갈수록 파장이 길고, 보라색으로 갈수록 파장이 짧아.

가시광선보다 파장이 길거나 짧은 빛들도 있어. 가시광선에서 파장이 가장 짧은 보라색보다 파장이 더 짧은 빛이 바로 자외선이야. 반대로 가시광선에서 파장이 가장 긴 빨간색보다 파장이 더 긴 빛은 적외선이야.

자외선과 적외선은 가시광선과는 달리 사람의 눈에 보이지 않아. 지구상에 쏟아지는 빛 중에서 가시광선의 양이 가장 많은데, 사람의 눈은 가시광선이 풍부한 환경에 맞춰 진화했다고 봐도 되겠지.

가시광선의 존재를 맨 처음 알아 낸 사람은 뉴턴이야. 그 뒤로 영국의 천문학자 윌리엄 허셜이 적외선을 발견했어. 자외선을 발견한 사람은 독일의 의사이자 화학자인 요한 빌헬름 리터야. '빨간색 바깥에 적외선이 있듯 보라색 너머에도 뭔가 있지 않을까?' 하는 생각에 실험해 보다가 발견했대.

그때부터 지금까지 자외선과 적외선에 관한 연구는 계속되고 있어.

 지식플러스+

### 하늘이 파랗게 보이는 이유

태양에서 나온 빛은 공기 중의 산소, 질소, 수증기, 먼지 등과 같은 입자에 흡수되지 않고 이들과 부딪혀 여러 방향으로 흩어져요. 이 현상을 빛의 산란이라고 해요. 우리가 사물을 볼 수 있는 건 산란하는 빛의 일부가 우리 눈으로 들어오기 때문이죠. 산란은 빛의 파장이 짧을수록 잘 일어나요. 파장이 짧으면 진동수가 많아져서 입자에 자주 부딪히거든요. 우리 눈에 보이는 가시광선 중에서 파장이 가장 짧은 건 보라색이지요. 그런데 왜 하늘은 보라색이 아닌 파란색으로 보일까요? 그건 우리 몸의 시각세포는 보라색보다 파란색을 더욱 잘 감지하기 때문이라고 해요.

## 파장이 짧을수록 커지는 파동 에너지

상대적으로 파장이 짧은 자외선과 파장이 긴 가시광선이 똑같은 속도로 똑같은 거리만큼 퍼졌을 때, 진동을 더 많이 하는 건 어느 쪽일까? 파장이 짧은 자외선이야. 파장이 짧은 만큼 진동이 더 촘촘하게 일어나기 때문이지.

진동은 한 번 일어날 때마다 에너지가 발생해. 즉, 파장이 짧을수록 주파수(진동수)가 높아지면서 에너지도 강해지지.

전자기파에서 파장이 가장 짧은 건 감마선이야. 감마선은 파동의 주기가 짧으므로 강한 에너지로 인체를 쉽게 통과할 수 있어. 그 과정에서 암 발생이나 유전자 손상 등 인체에 심각한 피해를 끼칠 수도 있어.

## 자외선을 조심해

자외선은 가시광선의 보라색을 벗어났다는 의미로 UV(Ultraviolet)라고도 해. UV는 파장이 긴 순서대로 UV-A(장파장 자외선), UV-B(중파장 자외선), UV-C(단파장 자외선)로 나뉘어.

이 중에서 UV-C는 파장이 짧은 만큼 에너지가 강해서 건강에 매우 해로워. 염색체 변이를 일으키거나 백내장과 피부암을 발생시킬 수 있어. 그러나 오존층에서 대부분 흡수하기 때문에 지구상의 생물들이 직접적으로 피해를 입는 경우는 거의 없어.

오존층을 뚫고 지상에 도달하는 건 주로 UV-A와 UV-B야. UV-A는 피부를 노화시켜서 기미, 검버섯, 주름 등을 만들거나 피부를 붉게 만들기도 해. UV-B는 UV-A보다 파장이 짧아서 피부 깊숙이 스며들지는 못하지만 오래 쬐면 피부 화상이나 암을 유발할 수 있어.

그러나 자외선이 나쁜 영향만 끼치는 건 아니야. 체내에서 비타민D를 만들 때 중요한 역할을 하기도 하고, 살균력이 있어서 대장균, 디프테리아균, 이질균 등을 죽일 때 이용되기도 해.

 **지식플러스**

## 자외선 차단지수

자외선 차단제에는 '자외선 차단지수'가 표시되어 있어요. 자외선 차단지수는 두 가지인데, 'PA' 지수는 UV-A를, 'SPF' 지수는 UV-B를 차단하는 정도를 나타내요. 'PA' 지수는 PA+ PA++ PA+++ 세 가지로 '+'가 많을수록 차단 기능이 높아요. +가 한 개면 UV-A가 차단될 확률이 2~3배, 두 개면 4~7배, 세 개면 8~15배예요. 'SPF'는 숫자가 높을수록 차단이 잘 되는데, SPF2는 UV-B의 약 50%를, SPF30은 UV-B의 약 97%를 막아준답니다.

# 그래서 지금은?

## 범죄 현장의 비밀, 자외선이 밝히다

자외선을 이용한 과학수사

범죄를 수사할 때 자외선을 활용하기도 해. 지문이 찍힌 자리에 자외선을 쬐면 자외선이 반사되는데 그때 반사된 자외선을 눈으로 볼 수 있는 빛으로 바꾸어서 확인할 수 있어.

한편 과학수사에서 핏자국은 범죄 상황을 알아내는 데 중요한 단서야. 핏자국으로 피를 흘린 사람의 움직임과 범행 도구를 유추할 수 있기 때문이야. 그러나 혈흔이 지워지면 맨눈으로 확인하기가 어려워. 그럴 때 자외선을 이용해 혈흔을 찾아낼 수 있어. 혈액은 자외선을 흡수하는 성질이 있기 때문에, 자외선을 쬐면 혈흔이 있는 자리가 검게 보이거든.

또한 자외선으로 피해자나 가해자의 상처를 확인할 수도 있어. 폭력 사건에서 피해자와 가해자의 몸에 난 상처들은 범죄 상황을 알아내는 데 중요한 단서야. 그러나 상처는 시간이 지나면 점점 옅어지지. 그때 자외선 투과 필터를 장착한 필름 카메라로 상처 부위를 촬영하면, 눈에 잘 보이지 않는 상처를 선명하게 볼 수 있어.

## 교과서 속 파동 키워드

\# 산란 빛이 물체와 부딪혀 여러 방향으로 흩어지는 현상을 말해요. 파장이 짧을수록 산란이 잘 일어나요.

\# 자외선 가시광선보다 파장이 짧은 빛이에요. 보라색 바깥에 있다는 뜻을 가지고 있어요.

\# 적외선 가시광선보다 파장이 긴 빛이에요. 빨간색 바깥에 있다는 뜻을 가지고 있어요.

# 제 5 장

# 땅의 떨림으로
# 대화하는 코끼리

# 먼 곳에서 들려오는 소식

## 코끼리랜드의 푸피아

"우리 딸, 오늘 치앙마이에 있는 코끼리랜드에 갈까?"

주말 아침, 엄마가 이제 막 부스스 일어난 쏨에게 말했어요.

"코끼리랜드요? 거기에 가면 코끼리 많이 볼 수 있어요?"

쏨이 되묻자 엄마가 미소를 지으며 고개를 끄덕였어요.

"좋아요! 지금 당장 가요."

쏨은 신나는 목소리로 대답했어요.

며칠 전에 쏨의 친구인 메이가 타이에서 매년 성대하게 열리는 수린 코끼리 축제에 가서 코끼리 등에 올라타 행진도 하고, 코끼리 공연도 봤다고 자랑했어요. 그 표정이 얼마나 신나 보이던지, 쏨은 메이가 부러웠어요. 그래서 엄마에게 코끼리가 보고 싶다고 며칠 내내 졸랐는데, 마침내 엄마가 쏨의 말을 들어주려나 봐요.

하지만 쏨은 코끼리랜드에 도착하자마자 실망하고 말았어요. 이곳에

있는 코끼리들은 대부분 늙고 기운이 없어 보였어요. 심지어 앞이 보이지 않거나 등이 굽은 코끼리도 있었어요.

"벌목 작업이나 서커스에 동원되어서 혹사당하던 코끼리들이야. 코끼리랜드에서 일하는 동물보호가들이 구출해서 데려왔대. 오늘 엄마와 함께 이 코끼리들을 위해 봉사 활동을 해 보는 건 어때?"

엄마가 조심스럽게 물었어요. 쏨은 얼결에 고개를 끄덕였어요. 쏨이 기대한 상황은 아니었지만 코끼리들에게는 지금 당장 누군가의 도움이 필요해 보였거든요.

쏨은 옥수수밭에 가서 코끼리들이 먹을 옥수수를 수확하는 일을 거들었어요. 쏨이 어른들이 딴 옥수수의 껍질을 벗겨서 트럭까지 나르는 동안, 엄마는 아픈 코끼리들을 치료하는 일을 돕느라 여념이 없었지요.

그런데 유독 코끼리 한 마리가 쏨의 눈에 띄었어요. 한쪽 다리를 심하게 절뚝이는 코끼리였는데, 다른 코끼리들이 옥수수밭 근처에 있는 물웅덩이에서 진흙 목욕을 즐기는 동안, 이 코끼리만 잘 어울리지 못하고 뚝 떨어져 있었어요.

"푸피라고 해. 여기에 온 지 며칠밖에 되지 않았어. 적응하려면 시간이 좀 더 필요할 거야. 마음의 상처가 많은 녀석이라."

스무 살 남짓 되어 보이는 한 청년이 다가와 말했어요. 쏨의 시선이 푸피아를 좇고 있는 걸 보았나 봐요. 그는 푸피아를 담당하는 사육사인데, 이름은 닉이라고 했어요.

"푸피아는 하루 열여덟 시간씩 서커스 훈련을 했었어. 코끼리랜드의 동물보호가들이 서커스 단장에게 비싼 값을 치르고서야 이곳으로 데려올 수 있었지."

"그런데 다리는 왜 절게 됐어요?"

쏨은 궁금했던 것을 물었어요.

"공연하다가 높은 데서 떨어지는 사고를 당했대. 그런데 제때 치료를 받지 못했나 봐."

"말도 안 돼……."

쏨은 안타까운 마음에 자기도 모르게 인상을 찌푸렸어요.

그때 푸피아가 제자리에 우뚝 멈추어 서더니, 땅을 향해 얼굴을 들이민 채로 코로 땅을 툭툭 치기도 하고, 발을 쾅쾅 구르기도 했어요.

"푸피아가 지금 뭐 하는 거예요?"

"발바닥으로 땅의 진동을 느끼고 있을 거야. 코끼리들은 멀리 떨어진 상대에게 땅을 울려서 신호를 보낼 수 있거든. 10km 이상 떨어진 거리에서 보내는 신호를 느낀 사례도 있어."

쏨은 땅 위에 가만히 손을 올리고 눈을 감았어요. 하지만 어떤 진동도

느껴지지 않았어요. 코끼리의 발바닥은 얼마나 예민하길래 먼 거리에서 보내는 진동을 느낄 수 있는 건지, 생각할수록 신기했어요.

그때였어요. 땅의 진동을 느끼던 푸피아가 갑자기 트럼펫 소리를 내며 울부짖더니 강가 쪽으로 달리기 시작했어요. 그러다가 얼마 가지도 못하고 무릎이 꺾이면서 쿵 소리와 함께 바닥에 찧고 말았어요. 급히 뛰느라 무릎에 무리가 갔나 봐요.

"푸피아!"

쏨과 닉이 동시에 푸피아를 부르며 달려갔어요.

# 푸피아가 남긴 발자국

잠시 후, 점심시간이 되어 모두 한자리에 모였어요. 식탁 위에는 봉사 활동가들을 위한 맛있는 음식이 한가득 준비되어 있었어요. 하지만 쏨은 점심을 먹는 둥 마는 둥 하고 다시 옥수수밭으로 달려갔어요.

"푸피아가 아직 거기에 있을까?"

닉이 푸피아의 다리를 살펴본 뒤에 괜찮다고 말했었지만, 쏨의 머릿속에는 걱정이 사라지지 않았어요.

점심을 먹는 동안 한바탕 쏟아진 비 때문에 옥수수밭으로 가는 길은 온통 진흙투성이였어요. 곳곳에 작은 웅덩이도 파여 있었죠.

쏨은 옥수수밭에 도착하자마자 주위를 두리번거렸어요. 하지만 푸피아는 보이지 않았어요. 주변을 돌아다니며 찾아보았지만 헛수고였어요.

그러다가 문득 코끼리의 둥근 발자국들이 빗물에 젖은 흙바닥 위에 찍혀 있는 걸 발견했어요. 한쪽 발의 발자국이 다른 발자국에 비해 얕게 찍힌 걸 보니 다리를 절뚝거리는 푸피아의 발자국이 맞는 것 같았어요.

쏨은 발자국을 따라가 보았어요. 발자국은 코끼리랜드의 돌담이 있는 곳까지 이어졌어요. 돌담을 살펴보던 쏨은 문득 걸음을 멈추었어요. 돌담 한 부분이 와르르 무너져 있었어요. 게다가 그 주변에 푸피아의 발

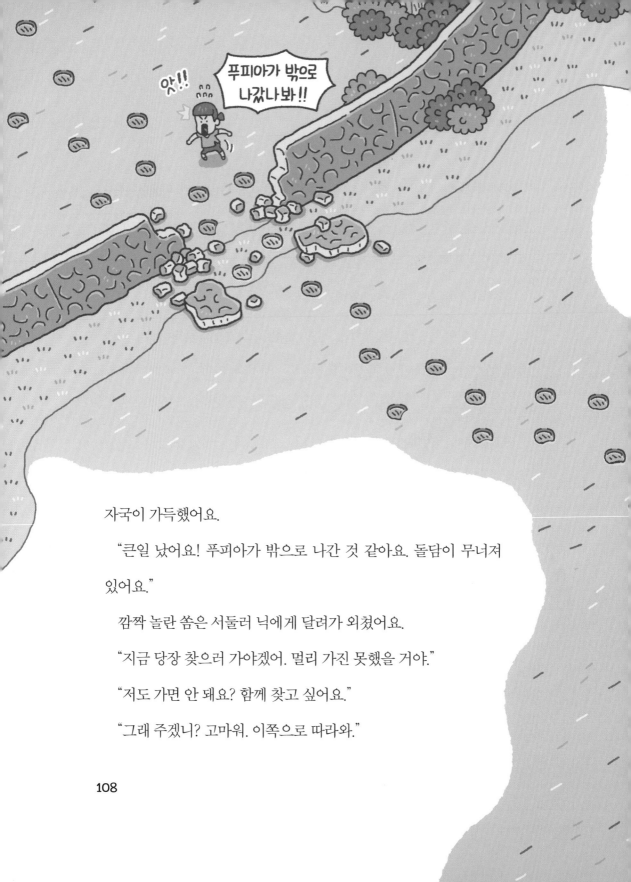

자국이 가득했어요.

"큰일 났어요! 푸피아가 밖으로 나간 것 같아요. 돌담이 무너져

있어요."

깜짝 놀란 쏨은 서둘러 닉에게 달려가 외쳤어요.

"지금 당장 찾으러 가야겠어. 멀리 가진 못했을 거야."

"저도 가면 안 돼요? 함께 찾고 싶어요."

"그래 주겠니? 고마워. 이쪽으로 따라와."

쏨은 성큼성큼 앞서가는 닉을 잰걸음으로 뒤쫓았어요.

다행히 젖은 땅에는 푸피아의 발자국이 선명하게 찍혀 있었어요. 닉이 푸피아의 발자국을 따라 차를 모는 동안, 닉의 옆자리에 앉은 쏨은 망원경을 눈에 대고 차창 밖으로 푸피아를 찾았어요.

"어? 저기에 푸피아가 있어요!"

쏨이 저편을 가리키며 소리를 질렀어요. 푸피아는 어딘가를 향해 부지런히 걸음을 옮기고 있었어요. 다리를 절뚝이면서도 쉬지 않고 걸어

그래, 그럼 조심히 따라가 보자!

절뚝

절뚝

가는 푸피아의 뒷모습이 무언가 몹시 간절해 보였어요.

"푸피아가 어디에 가는지 따라가 보면 안 돼요? 이대로 데리고 들어가면 돌담을 또 넘을지도 모르잖아요."

쏨이 물었어요. 닉이 잠시 고민하더니 고개를 끄덕이며 말을 꺼냈어요.

"네 말대로 푸피아가 왜 그런 행동을 했는지 한번 지켜볼까?"

## 땅을 타고 들려온 슬픈 소식

닉이 모는 차가 푸피아를 천천히 뒤쫓아갔어요. 푸피아는 이따금 걸음을 멈추고는 온 신경을 땅에서 울리는 진동에 집중하는 듯이 얼굴을 아래쪽으로 바짝 들이밀며 커다란 귀를 팔랑거렸어요.

푸피아가 누구와 어떤 대화를 나누는 건지, 쏨의 궁금증은 점점 커졌어요. 얼마쯤 걸었을까요? 드디어 푸피아가 걸음을 멈추었어요. 그곳은 크고 넓은 호숫가였어요.

"저기 좀 봐!"

닉이 차를 멈춰 세우자마자 푸피아 쪽을 가리켰어요. 푸피아 옆에 낯선 코끼리 두 마리가 있었는데, 그중 한 마리는 바닥에 쓰러져 있었어요. 쏨과 닉은 뛰다시피 다가갔어요. 닉이 바닥에 쓰러진 코끼리를 살펴보더니 어두운 표정으로 고개를 저었어요.

"이미 죽었어."

"그런데 이건 뭘까요?"

쏨은 코끼리의 발목에 매여 있는 붉은색 띠를 가리켰어요. 그 띠에는 노란색 실로 퐁이라는 글자가 바느질되어 있었어요. 퐁은 죽은 코끼리의 이름 같았어요. 옆에 서 있던 낯선 코끼리의 발목에도 마크라고 새겨진 똑같은 띠가 둘려 있었어요.

"푸피아도 서커스단에서 데려올 때 이것과 똑같은 띠가 발목에 매여 있었어. 퐁과 마크도 같은 서커스단에 있다가 탈출했나 봐. 아무래도 퐁은 늙고 병든 몸으로 도망치다가 죽은 것 같아."

쏨은 마음이 아파서 잠시 할 말을 잃었어요. 닉이 한마디 더 했어요.

"마크가 푸피아에게 친구의 죽음을 알려준 모양이야. 푸피아가 그 소식을 듣고 여기까지 온 것 같아."

푸피아와 마크가 퐁의 야윈 몸을 코로 쓰다듬기도 하고, 퐁의 몸 위로 흙을 흩뿌리기도 했어요. 영원한 이별을 앞두고 친구와 작별 인사를 하는 것처럼 보였어요.

"코끼리들이 슬퍼 보여요."

쏨은 무거운 심정으로 말을 꺼냈어요.

"그래. 코끼리도 친구의 죽음을 슬퍼하고, 고통을 느끼는 존재니까."

쏨은 가만히 고개를 끄덕였어요. 너무도 당연한 사실인데, 왜 그걸 이 제야 깨달았을까요? 인간의 오락을 위해 살아 있는 동물을 함부로 다루 어서는 안 된다는 생각이 강하게 들었어요.

'이제 다시는 코끼리 등에 타거나 코끼리 공연을 보고 싶어하지 않을 거야. 메이에게도 말해 줘야겠어.'

쏨은 푸피아, 마크, 퐁을 차례대로 바라보았어요. 그리고 코끼리들에 게 약속하듯 마음속으로 굳은 다짐을 되뇌었어요.

# 줌 인 : 코끼리의 발바닥

## 발바닥으로 소리를 듣는다고?

### 땅의 진동으로 대화를 주고받는 코끼리

코끼리는 저주파 소리를 발 쪽으로 이동시켜 땅으로 전달하거나, 발로 땅을 울려서 만들어진 진동으로 대화를 해. 공기보다 밀도가 높은 땅을 이용해서 10km 정도 떨어진 곳까지 소리를 보낼 수 있어.

땅의 진동으로 대화를 나누는 건 다른 동물들이 잘 사용하지 않는 방식이야. 그렇기 때문에 겹치는 소음이 없어서 코끼리들끼리 편하게 소통을 할 수 있어.

멀리 떨어진 친구 코끼리와 의견을 주고받기도 하고, 적대적인 무리와 협상해서 서로의 영역을 지키기도 하고, 이동 중에 다른 무리와 만나기도 해.

코끼리가 보내는 신호 중에서 뒷발을 꾹 눌러서 생기는 진동은 '편안하다', 발가락을 꾹 누르며 걸으면 '화가 났다'라는 의미로 알려져 있어.

## 코끼리의 대화를 처음으로 발견한 케이틀린 오코넬

1990년대 초, 생태학자인 케이틀린 오코넬은 아프리카 나미비아의 에토샤 국립공원에서 코끼리들이 특이한 행동을 하는 것을 발견하고 유심히 관찰했어. 코끼리들이 걸음을 멈추고 발톱을 땅에 댄 채 몸을 앞으로 숙이는 거야. 마치 발바닥으로 뭔가를 감지하는 것처럼 말이야. 그리고 그럴 때마다 다른 코끼리들이 멀리서 나타났어. 오코넬은 이것이 우연인지 아닌지 궁금했어.

오코넬은 이전에 코끼리들이 사자의 위협을 서로에게 알리는 소리를 녹음한 적이 있었어. 이 소리를 땅의 진동 신호로 변환해서 재생시켰어. 그러자 코끼리들이 사자의 공격에 대비하듯 방어 대형을 갖추었어.

오코넬은 에토샤 코끼리들에게 케냐 코끼리들이 내는 경고음을 진동으로 전해 주기도 했어. 그런데 에토샤 코끼리들은 전혀 반응을 보이지 않았어. 낯선 코끼리가 보내는 신호였기 때문이야.

　오코넬은 여러 실험을 통해 코끼리가 땅의 진동을 감지해서 신호를 전해 받을 뿐만 아니라 진동을 내는 상대까지도 구별할 수 있다는 사실을 알게 됐어.

# 다양한 표면 진동을 이용하는 동물들

표면진동으로 소통하는 동물은 코끼리 말고도 또 있어요 수컷 농게는 짝을 유혹하기 위해 거대한 집게발로 모래를 두드리고, 흰개미는 개미집 벽에 머리를 부딪쳐서 병정개미를 끌어들여요. 뿔매미 새끼는 식물 표면에 진동을 일으켜 어미를 불러요. 최근 우리나라 해양과학 연구진들은 멸종 위기종인 흰발농게가 공사장 진동으로 고통받는다는 사실을 알아냈어요. 공사장에서 발생하는 저주파 진동에 흰발농게들이 반응하면서 에너지를 낭비하고 포식자에게 잡아먹힐 위험성이 커진다는 거예요. 흰발농게처럼 진동을 감지하는 능력이 탁월한 해양 동물을 위해서 해안에서 진동 소음을 줄이는 방법을 찾아야 하지 않을까요?

# 지진파를 찾았다!

## 땅을 타고 멀리멀리

### 지진이 발생할 때 표면파를 느낄 수 있어

지진은 지구 내부의 커다란 힘에 의해 땅이 갈라지면서 흔들리는 현상이야. 이때 지구 내부 또는 지표면을 따라 퍼지는 진동을 지진파라고 해.

지진파에는 P파와 S파가 있어. 지진이 일어나면 P파가 가장 먼저 땅에 도착해. P파는 최초의 파동(Primary wave)이라는 뜻으로, 속도가 매우 빨라. P파 다음에 오는 파동은 S파야. 두 번째 파동(Secondary wave)이라는 의미지.

S파보다 속도가 더 느린 파동도 있어. 바로 표면파야. 표면파는 지표면을 따라 진동이 퍼져나가는 파동으로, 진동이 지표면에서 멀어질수록 에너지도 급속하게 떨어지게 돼. 코끼리가 발바닥으로 느끼는 땅의 진동이

바로 이 표면파야.

P파와 S파는 멀리까지 퍼지지만, 표면파는 진원(지진파가 최초로 발생한 지점)에서 가까운 곳만 맴돌아. 하지만 사람에게 더 큰 피해를 입히는 건 P파와 S파보다 표면파인 경우가 많아. 표면파는 사람이나 건물, 물체 등이 직접 닿아 있는 지구 표면을 따라 진동을 일으키기 때문이야.

| | P파 | S파 | 표면파 |
|---|---|---|---|
| 파형 | | | |
| 속도 | 5~8km/s<br>가장 먼저 도착하는 파 | 3~4km/s<br>p파 다음에 도착하는 파 | 가장 느림 |
| 방향 | 종파<br>(지진파의 진행 방향과<br>진동 방향이 같음) | 횡파<br>(지진파의 진행 방향과<br>진동 방향이 직각) | 지표면 따라 전파 |
| 진동<br>크기 | 상대적으로 약함 | 강함 | 강함 |

**지식플러스+**

## 코끼리는 지진을 예측할 수 있을까?

코끼리, 새, 두꺼비 등 여러 동물이 지진이 일어나기 전 이상 행동을 보였던 사례가 세계 곳곳에서 발견되고 있어요. 하지만 이러한 동물들의 행동을 분석한 결과, 공통적인 행동 양식이나 개연성을 찾지 못했어요. 동물이 지진을 예측한다는 사실을 증명할 과학적인 근거가 아직 부족한 셈이지요. 그렇지만 동물들의 예민한 감각과 지진 예측 능력의 연결고리를 찾기 위한 연구는 활발히 진행 중이에요.

## S파가 P파보다 더 위험한 이유는?

지진파는 움직이는 모습에 따라 횡파와 종파로 구분할 수 있어. P파는 종파야. 종파는 파동이 나아가는 방향과 매질이 진동하는 방향이 같아. 용수철을 잡고 앞뒤로 흔들었을 때처럼 말이야. 종파는 위아래로 출렁거리는 정도가 작기 때문에 횡파에 비해 진폭도 작아. 종파는 고체, 액체, 기체를 통과하지. P파와 같은 종파로는 소리의 파동, 즉 음파가 있어.

S파는 횡파야. 횡파는 파동이 나아가는 방향과 매질이 진동하는 방향
이 수직으로 움직여. 용수철을 잡고 위아래로 출렁이면서 흔들었을 때의
모습이 바로 횡파가 움직이는 모습과 같아. 횡파의 특성상 위아래 방향으
로 흔들림이 많으므로 종파인 P파에 비해 진폭이 커서 피해가 더 큰 편이
야. 횡파는 고체에만 통과해. S파와 같은 횡파로는 전자기파가 있어.

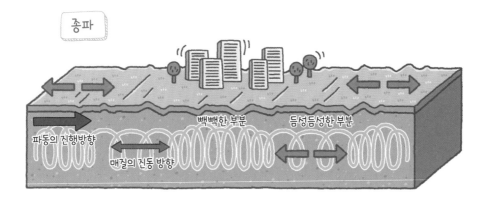

종파

빽빽한 부분    듬성듬성한 부분

파동의 진행방향

매질의 진동 방향

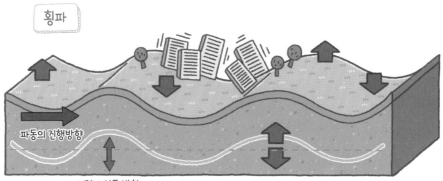

횡파

파동의 진행방향

매질의 진동 방향

# 그래서 지금은?

## 지진 조기 경보, 안전을 지키다

### 지진 조기 경보의 원리는?

지진이 일어나면 S파보다 P파가 먼저 도착해. P파는 초속 5~8km, S파는 초속 3~4km로 P파의 속도가 S파보다 더 빠르기 때문이야.

지진 조기 경보는 P파와 S파의 이러한 속도 차이를 이용해서 대한민국 기상청이 제공하는 지진 경보 시스템이야. P파가 발생하면 그 정보를 바탕으로 S파가 도착하는 시간이나 규모 등 다가올 지진 상황을 예측해서 진동이 강한 S파가 도착하기 전에 신속하게 알리는 거지.

2021년 이전에는 규모 5.0 이상의 지진이 일어난 후 조기 경보를 발표하기까지 7~25초의 시간이 걸렸어. 하지만 2021년 이후로는 규모 4.0 이상의 지진이 일어났을 때 지진 경보 서비스를 알리는 시간이 5~10초까지

단축되었어.

물론 지진 조기 경보 시스템의 한계도 있어. 지진 조기 경보는 P파가 발생하고 나서 S파가 도달하기 전에 경보를 내보내는 기술이야. 즉, 지진이 피해를 입히기 전에 경보를 발표하는 기술이 아니라는 뜻이야. 그래서 지진이 가까운 곳에서 발생하면 S파가 도착한 후에 경보를 받는 상황이 생길 수도 있어.

아직은 지진을 정확하게 예측하는 기술은 나오지 않았어. 하지만 많은 과학자가 연구에 매달리고 있으니 기대하는 마음으로 지켜보도록 하자.

## 교과서 속 파동 키워드

# 종파 파동이 진행하는 방향과 매질이 움직이는 방향이 일치하는 파동이에요. 종파로는 음파, 지진파의 P파가 있어요.

# 횡파 파동이 진행하는 방향과 매질이 움직이는 방향이 수직인 파동이에요. 횡파로는 전자기파, 지진파의 S파가 있어요.

# 지표면 지구의 가장 윗부분 또는 땅의 겉면을 말해요. 지표면이 떨리는 파동을 표면파라고 하지요.

제 6 장

# 중력을 거슬러
# 하늘 위로 날아오르는
# 검독수리

# 검독수리 보타이의 비상

## 날지 못하는 검독수리

"휘이이익."

할아버지가 몽골의 드넓은 초원 위를 바라보며 마놀을 불렀어요. 바

티르잔은 이마에 손 그늘을 얹은 채 허공을 두리번거렸어요. 곧 새파란 하늘에 작은 점이 점점 커지더니 마놀이 검은 날개를 활짝 펼친 채 나타났어요. 모든 물체에 작용한다는 중력의 힘이 마놀만큼은 비껴가는 듯했어요.

마놀이 할아버지의 팔에 내려앉자, 바티르잔의 어깨에 앉아 있던 보타이가 몸통을 들썩거리며 반가움을 표시했어요. 마놀은 잠깐의 자유 시간이 꽤 만족스러운 표정이었어요. 그런데 할아버지의 표정이 영 좋지 않았어요.

"할아버지, 무슨 일 있으세요?"

바티르잔이 걱정스러운 표정으로 물었어요.

"곧 겨울이구나. 눈이 내리면 마놀을 보내줘야겠다."

할아버지가 쓸쓸한 얼굴로 마놀의 머리를 쓰다듬으며 말했어요.

바티르잔은 문득 마놀과 보타이를 처음 본 날이 떠올랐어요. 6년 전 이었어요. 할아버지가 바위산 중턱에 있던 둥지에서 어린 마놀과 보타이를 발견해서 데려왔어요. 할아버지는 야생 검독수리를 길들여 사냥하는 '베르쿠치'거든요.

마놀과 보타이는 할아버지의 손길에 용맹한 사냥꾼으로 길러졌어요. 바티르잔의 가족은 마놀과 보타이가 잡아 오는 사냥감 덕분에 식량도 얻고 추운 겨울도 따뜻하게 지낼 수 있었지요.

하지만 베르쿠치는 때가 됐다 싶으면 검독수리를 돌려보내 줘야 해요. 자연에서 데려왔으니 자연으로 보내 주는 거지요. 그건 베르쿠치와 검독수리 사이의 약속 같은 거였어요.

이제 그때가 왔나 봐요. 바티르잔은 가족 같은 마놀을 보낼 생각을 하니 섭섭함이 밀려왔어요. 그러다가 불현듯 보타이를 쳐다보며 지난 기억을 떠올렸어요.

2년 전 어느 날이었어요. 보타이가 늑대를 사냥하다가 도리어 늑대의 공격을 받고 심하게 다친 적이 있어요. 늑대의 날카로운 주둥이에 날개를 물린 채 땅바닥에 마구 패대기쳐졌지요. 마침 마놀이 나타나서 늑대를 공격하지 않았다면 보타이는 그 자리에서 죽고 말았을 거예요.

보타이의 몸은 서서히 회복되었지만, 그 후로 지금까지 한 번도 날거나 사냥을 시도해 본 적이 없어요. 그때 받은 충격에서 헤어 나오지 못한 거예요.

"보타이, 너도 마놀이랑 저 하늘 위로 날아가고 싶지 않아?"

바티르잔이 보타이를 향해 물었어요. 하지만 보타이는 알 수 없는 눈빛으로 바티르잔의 눈동자를 빤히 쳐다볼 뿐이었어요.


## 저 하늘을 향해

다음 날이 되었어요. 바티르잔은 할아버지와 함께 보타이와 마놀에게 핏물 뺀 생고기를 아침 식사로 챙겨 주었어요. 보타이는 오늘따라 기분이 좋은지 날개를 몇 번 파닥거렸어요.

"할아버지, 보타이도 날 수 있을까요?"

바티르잔은 보타이의 날갯짓을 살피며 물었어요. 마놀이 자연으로 돌아가야 할 때가 다가오니, 보타이도 마놀과 함께 보내줘야겠다는 생각이 들었던 거예요.

"그래. 어디 한 번 시도해 보자꾸나."

할아버지가 바티르잔의 어깨를 토닥이며 말했어요.

바티르잔은 당장 보타이의 비행 훈련을 시작했어요. 처음에는 아주
짧은 거리부터 연습했어요. 바티르잔이 보타이를 두 손으로 들어 올렸
다가 무릎 정도 높이에서 조심스럽게 손을 놓았어요. 하지만 보타이는
날개를 움직일 생각이 조금도 없어 보였어요. 날갯짓을 하지 않으면 중

력 때문에 아래로 떨어질 수밖에 없어요. 아니나 다를까, 보타이는 바티르잔의 손에서 벗어나자마자 자석이라도 붙은 양 푹신한 짚이 깔린 바닥으로 뚝 떨어졌어요.

하지만 여러 번 시도를 반복하다 보니 어느 순간에는 보타이가 날개를 움찔거리기도 했어요. 그럴 때마다 할아버지가 맛있는 생고기를 조금씩 떼어 주며 격려해 주었어요.


비행 훈련을 한 지 여러 날이 지났어요. 보타이는 제법 날갯짓에 힘이 들어갔어요. 그러더니 꽤 먼 거리를 푸드덕거리며 날기도 했어요.

어느새 날씨가 꽤 추워졌어요. 초원의 잎들도 말라가기 시작했어요. 마놀을 보내주기로 한 겨울이 한층 가까워지는 중이었지요.

오늘은 보타이를 데리고 바위산 중턱까지 올라갔어요.

"보타이, 할 수 있지? 연습한 대로만 해 보자."

바티르잔은 심호흡을 한 뒤, 공중으로 보타이를 날려 보냈어요.

"와!"

바티르잔의 입에서는 자기도 모르게 감탄이 터졌어요. 보타이가 날개를 쫙 펼쳐서 바람을 타기 시작한 거예요. 더 높이 올라가지는 못했지만, 바람을 타면서 초원 위로 부드럽게 착지하는 데 성공했어요.

바티르잔은 고된 훈련을 잘 참아 준 보타이에게 고마운 마음이 들어서 눈물이 핑 돌았어요.

## 중력을 거슬러

어젯밤에 눈보라가 강하게 휘몰아치더니, 새벽녘부터 잦아들기 시작했어요.

"이제 때가 되었구나."

아침 식사 자리에서 할아버지가 말젖을 넣은 따뜻한 수테차를 한 모금 홀짝이며 말을 꺼냈어요.

"아, 벌써……."

바티르잔은 할아버지의 말이 무슨 뜻인지 바로 알아챘어요.

할아버지는 마놀을, 바티르잔은 보타이를 한쪽 팔에 올린 채 각자 말을 타고 바위산으로 향했어요. 마놀과 보타이의 발에는 흰 천이 매여 있었어요. 발에 매인 흰 천은 할 일을 마치고 자연으로 돌아간 검독수리라는 뜻이에요. 베르쿠치들이 저마다 자연으로 돌려보낸 검독수리를 서로 알아볼 수 있도록 만든 표식이지요.

바티르잔 일행은 어느새 바위산 꼭대기에 올랐어요. 발아래에 눈 덮인 초원이 끝도 없이 펼쳐져 있었어요.

"마놀, 그동안 고마웠다. 잘 지내거라."

할아버지의 눈시울이 붉어졌어요. 할아버지는 팔을 앞으로 쭉 뻗으며 휘파람 소리를 냈어요. 그러자마자 마놀이 하늘 위로 훌쩍 날아올랐어요.

이제 보타이를 보낼 차례였어요. 바티르잔은 보타이가 과연 잘 날 수 있을까 걱정되었어요.

"보타이……."

바티르잔은 마지막 인사를 건네고 싶었어요. 하지만 울음이 나올 것 같아서 차마 입을 떼지 못했어요. 보타이가 바티르잔의 마음을 이해한다는 듯 제 얼굴로 바티르잔의 뺨을 비볐어요.

바티르잔은 할아버지가 한 것처럼 팔을 앞으로 내밀었어요. 보타이가 날개를 활짝 펼치며 공중으로 날아올랐어요. 그런데 팔에서 발을 떼자마자 아래로 내리꽂히듯 떨어지는 것이 아니겠어요?

"안 돼!"

바티르잔은 가슴이 철렁했어요. 하지만 그때, 보타이는 날개를 몇 번 펄럭이더니 다시 하늘 위로 솟구쳤어요. 푸르른 하늘이 제 세상인 양 무척 편안하고 자유로워 보였어요.

먼 지평선에 병풍처럼 드리워진 알타이산맥부터 바티르잔의 발끝에

챈 작은 돌멩이까지 지상의 모든 것이 땅을 디딘 채 서 있지만, 태양과 보타이만이 중력을 거스르듯 하늘 위에 떠 있었어요.

보타이는 어느새 나타난 마놀과 함께 바티르잔과 할아버지의 머리 위를 한참 맴돌다가, 저 멀리 사라졌어요.

"잘 가, 보타이! 마놀! 자유롭게 훨훨 날아가!"

바티르잔은 그제야 힘차게 팔을 흔들며 큰 목소리로 인사를 건넸어요.

# 증 인 : 검독수리의 비행

## 중력을 이기는 힘찬 날갯짓

### 하늘을 나는 새도 중력을 벗어날 수 없어

질량을 가진 물체들이 서로를 끌어당기는 힘을 중력이라고 해. 야구공을 던지면 아래로 떨어지는 것도 지구와 야구공 사이에 중력이 작용하기 때문이야. 중력은 거리와 질량에 따라 세기가 달라져. 거리가 가깝거나 질량이 클수록 끌어당기는 힘이 더 강해지지.

중력은 지상의 모든 물체에 똑같이 적용되고 있어. 새도 마찬가지야. 새가 하늘을 날아다닌다고 해서 중력의 영향을 받지 않는 게 아니야. 새들도 날갯짓하지 않으면 땅으로 뚝 떨어지고 말아.

그래서 새들은 하늘을 잘 날기 위해 최대한 몸의 무게를 줄이는 쪽으

133

로 진화했어. 중력은 물체의 질량이 클수록 커지므로 무게가 적게 나갈수록 하늘을 나는 데 유리하거든. 새의 뼈가 얇고 속이 비어 있으며, 새가 배설물을 몸속에 담아 두지 않고 곧바로 내보내는 이유도 몸의 무게를 줄이기 위한 진화의 결과인 셈이지.

## 무게와 질량은 무엇이 다를까?

무게는 중력이 물체를 끌어당기는 힘을 말해요. 지구에서 쟀던 몸무게를 달에서 재면 6분의 1로 줄어드는 이유가 바로 지구와 달이 가진 중력의 세기가 다르기 때문이에요. 반면에 질량은 물질 고유의 양으로서 중력의 세기와 상관없이 늘 일정해요.
장소와 상태가 바뀌어도 달라지지 않지요. 질량을 측정할 때는 윗접시저울이나 양팔저울을 사용해요.

## 중력을 거스르는 힘, 양력

새가 날갯짓하며 앞으로 나아갈 때 유선형의 날개 위쪽은 공기가 빠르게 지나가고 평평한 모양의 아래쪽은 공기가 천천히 지나가.

공기나 물처럼 힘을 받으면 모양이 변하는 기체와 액체를 유체라고 불

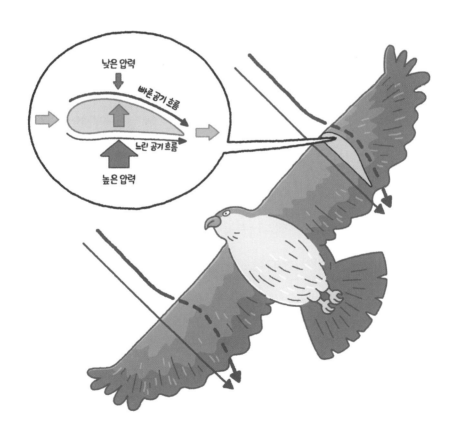

러. 스위스의 과학자인 베르누이는 유체가 빠르게 흐르면 압력이 낮아지고, 느리게 흐르면 압력이 높아진다는 법칙을 발견했는데, 이를 베르누이의 원리라고 해.

새의 날개 모습을 떠올려 보면, 날개 위쪽은 둥글고 아래쪽은 평평해. 둥근 위쪽으로 공기가 빠르게 지나가지. 베르누이의 원리에 비추어 보자면 날개의 위쪽은 공기가 빠르게 지나가니까 압력이 낮고, 날개의 아래쪽은 위쪽보다 압력이 높아. 그리고 공기는 압력이 높은 쪽에서 낮은 쪽으로 이동하는 성질이 있으므로 날개의 아래쪽에서 위쪽으로 향하는 힘이 발생해. 중력과는 반대 방향으로 작용하는 이 힘을 양력이라고 하는데, 새들이 중력을 거스르고 하늘을 날 수 있는 이유가 날개 주위에 생기는 이 양력 때문이야.

이때 새는 날갯짓을 통해 더 큰 양력을 얻을 수 있어. 날개를 칠 때마다 날개 밑에 있는 공기가 아래쪽으로 밀리는데, 이때 아래에서도 위로 밀어올리는 힘이 발생해. 이건 뉴턴이 발견한 '작용 반작용 법칙'에 의한 현상이야. '작용 반작용 법칙'이란 한 물체가 다른 물체에 힘을 가하면 힘을 받은 물체는 같은 크기의 힘을 반대 방향으로 가한다는 거야.

# 중력과 중력파를 찾았다!

## 시공간의 떨림이 우주 공간을 지나 지구까지

### 뉴턴, 중력 법칙을 알아내다

뉴턴은 떨어지는 사과를 보며 한 가지 의문이 떠올랐어. 사과는 아래로 떨어지는데 왜 달은 떨어지지 않는 걸까? 하지만 곧 달도 떨어지고 있다는 사실을 깨달았어.

야구공을 던지면 땅 위를 날아가다가 아래쪽으로 떨어지게 돼. 달도 마찬가지야. 달은 지금 지구 표면 위를 나는 중인데, 만약 지구가 평평했다면 달도 야구공처럼 지상으로 떨어졌을 거야. 하지만 달이 지구의 곡률과 같은 각도로 떨어지고 있기 때문에, 마치 지구 주위를 도는 것처럼 보이는 거지. 이때 달이 지구 밖의 우주 공간으로 날아가지 않는 건 지구에서 달을 끌어당기는 힘인 중력의 영향을 받기 때문이야.

뉴턴은 달과 사과 모두 중력의 영향을 받고 있다는 사실을 통해, 중력이 지구뿐 아니라 우주 어디서나 작용하는 힘이라는 결론에 이르렀어.

중력은 두 물체 사이에서 서로 끌어당기는 힘으로, 물체의 질량이 클수록 강해지고, 두 물체 사이의 거리가 멀어질수록 약해지는 특징이 있어. 달이 지구를 공전하거나 지구 표면에 있는 물체들이 아래로 떨어지는 것도 모두 이러한 중력이 작용하기 때문이지.

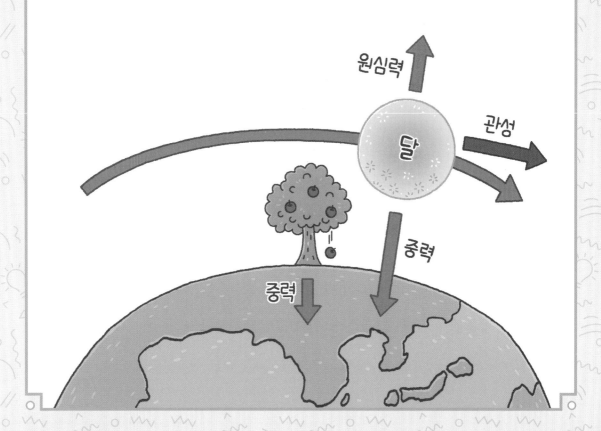

**지식플러스＋**

### 뉴턴이 발견한 중력의 법칙이 위대한 이유

뉴턴 이전에는 이 세상을 천상 세계와 지상 세계로 구분해서 이해했어요. 그래서 천상 세계에 있는 달은 완전한 도형인 원을 그리며 지구를 따라 원운동을 하고, 지상 세계의 물체들은 우주의 중심인 지구를 향해 떨어진다고 여겼지요. 그러나 뉴턴이 중력의 법칙을 밝혀내어 우주와 지구에 공통되게 적용할 수 있는 수식을 제시하자 세상을 두 개의 세계로 분리해서 바라보던 인식에 큰 변화가 일어났어요.

## 중력은 시공간이 휘어지면서 생기는 거라고?

뉴턴을 비롯한 많은 학자들이 중력의 존재를 밝히긴 했지만, 중력이 어떻게 발생하는지는 알아내지 못했어. 이를 이론적으로 설명한 사람이 아인슈타인이고, 그 이론이 일반상대성이론이야.

일반상대성이론에 따르면 시공간이 모든 곳에 보이지 않는 형태로 존재하는데, 질량을 가진 물체가 가속운동을 할 때 주변 시공간이 휘어지면서 중력이 발생한다고 해. 그물 위에 공을 올렸을 때 한가운데가 움푹 파이는 것처럼 말이야. 주변의 물체들이 휘어진 시공간을 타고 미끄러지듯이 굴러가는데, 그것이 바로 중력 현상인 거지.

아인슈타인은 물체의 질량이 클수록 시공간도 많이 휠 거라고 했어. 그래서 거대한 질량을 가진 블랙홀 주변은 시공간이 급격히 휘는 바람에 주변의 빛조차 빨아 당기는 거라고 보았지.

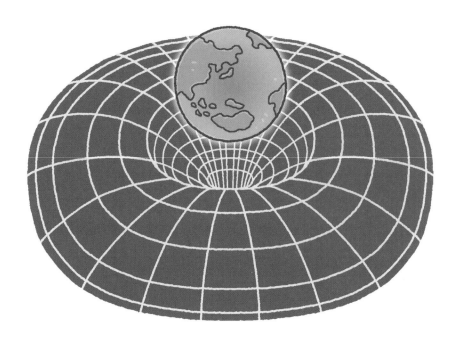

## 100년 만에 중력파를 증명하다

아인슈타인은 일반상대성이론을 발표한 다음 해인 1916년에 우주 공간에는 중력파라는 에너지가 흐른다고 주장했어. 시공간이 휘면서 파동이 발생하고, 이 출렁거리는 파동이 우주 공간으로 퍼져나가는데, 이를 중력파라고 부른 거야. 하지만 중력파의 세기가 워낙 미세해서 아인슈타인조차 중력파를 증명하기 어려울 거라고 했어.

그럼에도 많은 과학자가 중력파를 검출하기 위해 노력했어. 중력파의 존재를 확인하면, 이론으로밖에 설명할 수 없었던 아인슈타인의 일반상대성이론을 검증할 수 있기 때문이야. 그렇게 100여 년의 시간이 흘러 2015년에 라이고라는 중력파 관측소에서 마침내 중력파를 관측하는 데 성공했어.

라이고에서 감지한 중력파는 두 개의 블랙홀이 충돌하면서 생긴 파동이었어. 지구로부터 13억 광년 떨어진 곳에서 두 개의 블랙홀이 충돌하여 태양 질량의 62배나 되는 새로운 블랙홀이 만들어졌는데, 이때 시공간이 휘면서 발생한 중력파 에너지가 우주 공간을 물결처럼 퍼져 나간 거야. 그리고 이 중력파가 빛의 속도로 지구를 스쳐 지나가는 찰나, 라이고에서 직접 개발한 중력파 검출기로 미세한 파동을 잡아낸 거지. 그러니까 라이고에서 감지한 중력파는 처음 생긴 후 약 13억 년에 걸쳐 지구로 다가온 셈이야.

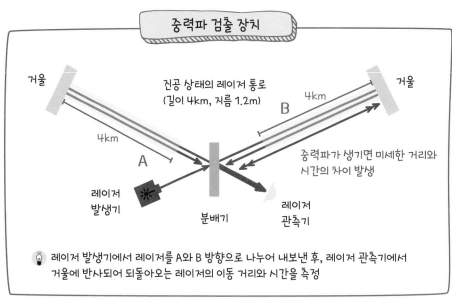

중력파 검출 장치

거울 진공 상태의 레이저 통로 (길이 4km, 지름 1.2m) 거울

B 4km

4km

A

중력파가 생기면 미세한 거리와 시간의 차이 발생

레이저 발생기 분배기 레이저 관측기

💡 레이저 발생기에서 레이저를 A와 B 방향으로 나누어 내보낸 후, 레이저 관측기에서 거울에 반사되어 되돌아오는 레이저의 이동 거리와 시간을 측정

## 그래서 지금은?

## 중력파를 찾아서

### 우주의 비밀을 푸는 열쇠, 중력파

먼 과거에는 맨눈으로 하늘을 관찰했어. 갈릴레오 갈릴레이는 1609년에 천체 관측을 목표로 한 망원경을 개발해 달을 보기 시작했어. 그 후 인류는 여러 관측 기구를 개발해서 우주를 관찰했지만, 모두 가시광선, 엑스선, 감마선 등 전자기파를 이용하는 방법이었어. 우주에서 빛을 내는 것만이 관측 대상이 될 수 있었기 때문에 빛을 모두 흡수하는 블랙홀이나 불투명한 초신성의 중심부처럼 관측이 불가능한 대상이 많았어. 또한 우주를 떠도는 온갖 입자와 먼지들이 빛의 진행을 방해해 관측하는 데 어려움이 따르기도 했어.

하지만 이제 중력파 검출기로 블랙홀이나 중성자별이 서로 충돌하거나 초신성이 폭발하는 등 우주에서 어떤 움직임이 생길 때마다 발생하는 중력파를 감지해서 파동의 진폭과 진동수의 패턴을 분석하면 당시의 상황을 정확하게 파악할 수 있게 된 거야.

중력파 검출기가 지금보다 더 정교해진다면 전자기파로는 알기 힘들었던 블랙홀의 질량이나 움직임, 중성자별의 내부 구조뿐만 아니라, 초기 우주의 모습과 빅뱅 직후의 상황까지 밝힐 수 있을지도 몰라. 중력파를 통해 하나씩 드러나게 될 우주의 놀라운 비밀들이 무엇일지 세계의 이목이 쏠리고 있어.

## 교과서 속 중력파 키워드

\# 만유인력 모든 물체는 서로 끌어당기는 힘이 있어요. 이 힘을 만유인력이라고 해요.

\# 중력 지구가 물체를 끌어당기는 힘을 일컬어요. 지구에 작용하는 만유인력과 구심력을 아울러 이르는 말이지요. 상황에 따라 만유인력과 같은 의미로 쓰이기도 해요.

\# 무게 지구가 물체에 작용하는 중력의 크기를 말해요. 같은 물체라도 중력이 달라지면 무게도 달라져요.

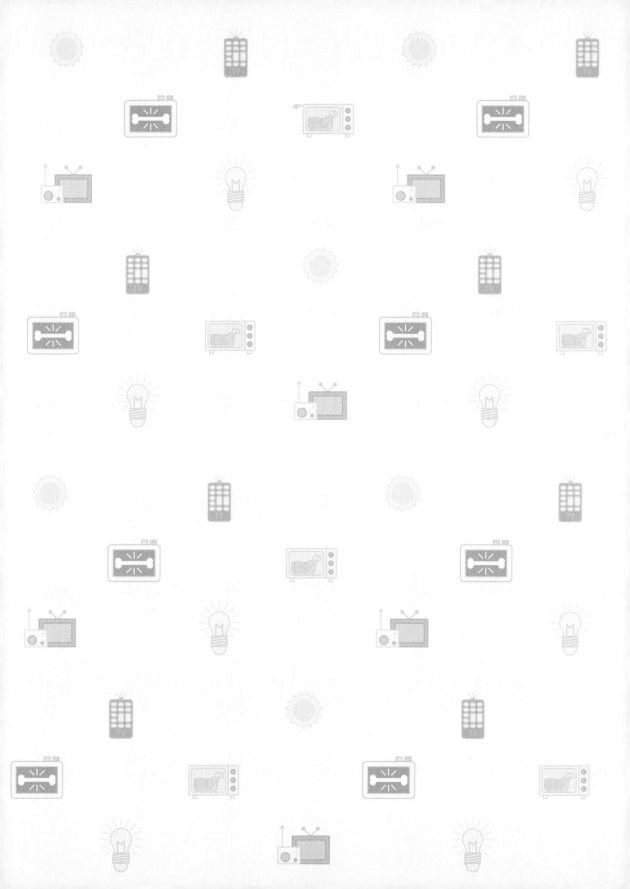

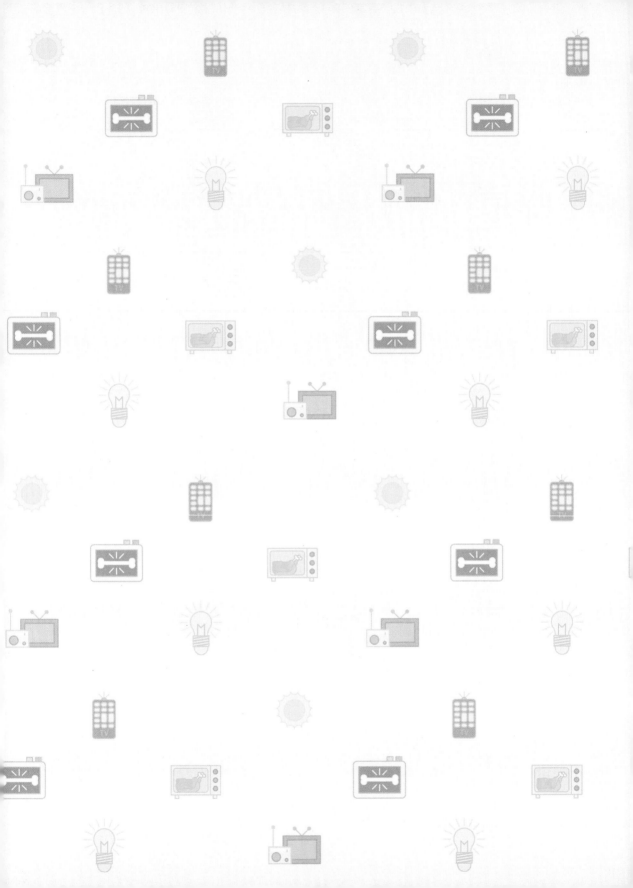

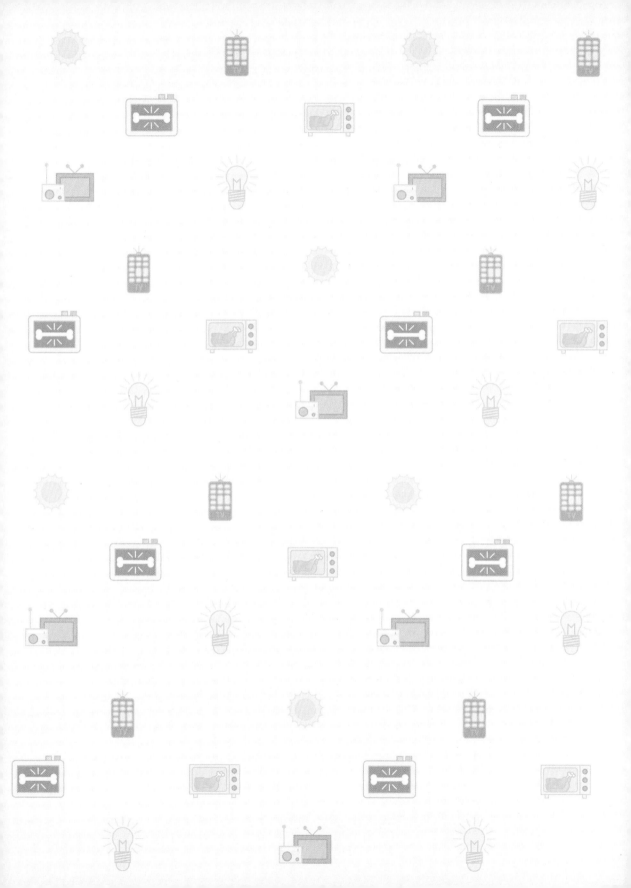

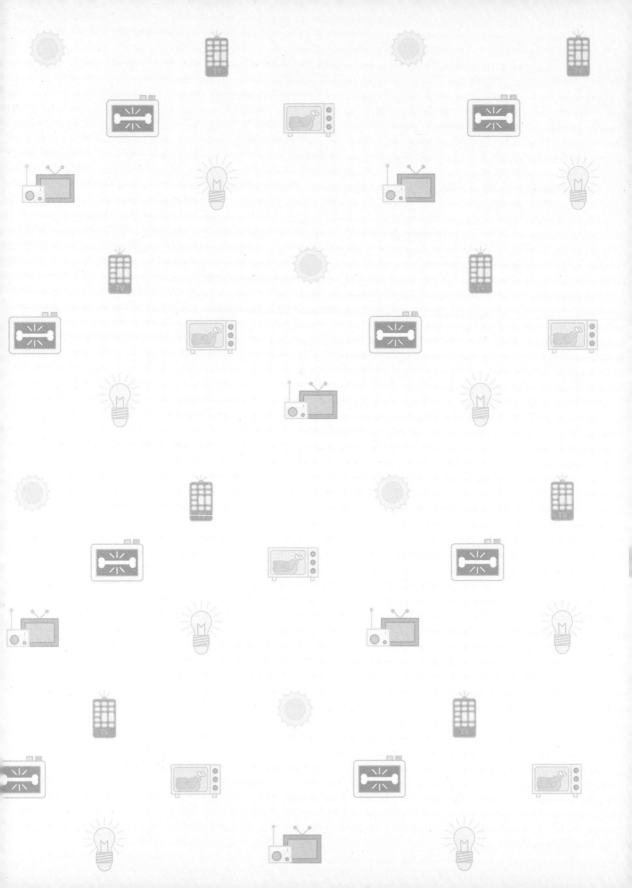